THINK TANK
REPORT

移动互联环境下我国出版业的发展现状及问题研究

Research on the Current Situation and Problems of China's Publishing Industry under the Mobile Environment

孟 晖 / 著

上海社会科学院出版社
SHANGHAI ACADEMY OF SOCIAL SCIENCES PRESS

序　言

近些年，移动互联网的发展及其应用，不仅给经济、政治、社会、文化等诸多方面带来了巨大影响，而且已深度嵌入人们的社会生活。手机在握，足不出户而知天下事，已成为当下社会生活的新常态。随着以移动互联网为代表的新媒体（即全新的信息获取、交流的双向方式）的不断发展，出版行业在内容生产、信息传播，乃至服务与营销等诸多方面都发生了颠覆性的变化，在变革中求生存，在创新中求发展，出现了许多全新的经验，也显现出不少问题。反观出版学界，对近年来出版业发展这一现象，虽已有不少研究及其成果问世，但对其规律性总结和系统论述，特别是进行跨学科多维度的研究与阐释的成果尚不多见。孟晖博士在进入复旦大学新闻传播学博士后流动站后，就开始关注这一现象，并以此为选题撰写博士后工作报告，出站后又进一步深入研究，最后完成了《移动互联环境下我国出版业的发展现状及问题研究》这部专著。作为孟晖博士在博士后流动站工作期间的合作导师，我十分乐意为这部专著作序推荐。

这部专著不仅就移动互联环境下我国出版行业的发展现状进行比较客观的勾勒与描述，还选取了数字出版、数字教育出版、移动出版、移动阅读 APP 以及数字出版产业链及营利模式等新现象进行深入研究，发现并剖析了一些重要问题，提出了一些具有个人独特见解的对策性意见，有助于出版业的健康发展。其中比较突出的成绩，表现在其对数字出版、移动出版、数字教育出版等新兴出版现象的梳理、分析与阐释，并进而发现了一些规律性的东西。这一点，不仅使这部专著具有理论与实践的双重意义，还因其属于学科前沿研究而具有一定的创新性价值。此外，21 世纪以来，我国的出版业集团化建设步伐加快，并且生产出大量文化精品，在物质和精神文明建设中发挥了重要作用，这部专著对此现象也予以关注与研究，如以上海“新华传媒”上市融资为案例所作的对我国新闻出版集团资本化运作的路径探讨。

在研究过程中，作者在跨学科研究方面有所创新，从思想文化史视野考察 21 世纪以来我国出版事业的发展历程，注重社会经济变迁对出版业的影响，结合新技术手段、读者需求等因素，归纳总结网络时代出版事业的发展规律。此外，作者在学术上的贡献还表现在：基于文献分析和文本细读、探讨具体出版机构、现象等的价值及其深浅得失，提出作者的若干不同于学界普遍认识的研究心得；对于如何解决当下传统出版机构的转型升级、数字出版流程再造、知识服务提供等诸多难题，通过对典型案例的深入分析和解读，总结其成功经验和不足；等等。

在研究方法上，作者主要采用实证主义和社会调查等研究方法，提出有针对性的问题、获得相关出版机构和受众的资料，并追踪分析了近几年出版行业的大量数据资料，走访了一些出版企业及业界人士等，了解出版业界人士对产业发展的思考，以及受众对相关产品在内容和设计、营利模式方面的认识和建议。

这部专著的不足之处，比较明显的是对产业链下游的读者或数字阅读用户的考察还不太深入，建议作者今后深度发掘移动阅读方式及产品的革新对用户阅读心理和习惯的影响，以及用户阅读方式转型对内容生产提出的新要求等，“百尺竿头，更进一步”。

黄 瑚（复旦大学新闻学院教授、博士生导师）

2018 年 7 月 6 日

前　言

改革开放以来，我国的出版业飞速发展，其市场化探索取得了诸多成就，在物质文明和精神文明建设中均发挥了重要作用。特别是进入21世纪后，新媒体新技术层出不穷，给出版业带来了冲击和挑战，也创造了许多新的机遇。移动互联网代表的信息获取方式已深度嵌入人们的社会生活，影响着人们的阅读习惯与需求。我国出版业的产品生产、传播渠道、融资方式、经营管理等都经历着重大的转型和变革。在取得令人瞩目的成就的同时，出版业发展也显现出一些困难和问题，对此学界业界已有不少研究成果。不过学界对于近年来国内出版业发展的规律性总结，相对来说还较为欠缺。本书着重研究近年来出版行业出现的一些新业态新现象，探索总结这一时期出版业发展的经验和教训，并为实际工作提供借鉴。

第一章，以点带面地对21世纪以来我国出版业发展的主要情况进行梳理和归纳。既注重宏观的勾勒描述，同时也对具体的典型案例加以剖析，并注意对一些规律性问题的把握；在对基本事实加以梳理的基础上，对出版业发展的历史、现状和未来进行思考。

第二章，着重对媒体融合语境下我国数字出版产业的现状及瓶颈进行研究。近年来我国的数字出版产业呈迅猛发展态势，但仍面临许多问题。本章就数字出版业兴起的媒介融合背景、国家相关政策支持及我国数字产业的发展规模、国内数字出版内容平台建设情况等展开分析;指出其存在的问题,如数字出版的营利模式不清晰、有影响力的数字出版平台不多、数字出版优质内容缺乏、数字出版产业娱乐化产品所占的比重过大等;提出目前需要进一步提高科技和文化创新水平,实行差异化竞争,注重图书品牌的开发,并提高版权保护意识等建议,促进传统出版企业的数字化转型和发展。

第三章,研究了近几年我国数字教育出版的发展趋势和问题。随着互联网和信息技术的崛起,近年来教育出版领域发生了巨大变化。在出版业的转型升级过程中,数字教育出版在数字出版领域是非常重要的组成部分。本章以传统教育出版业的数字化转型,以及如今热度很高的在线教育产业的情况为主要研究对象,梳理我国数字教育出版业的发展状况及存在问题,并且提出了相应的对策,为数字教育出版提供借鉴。

第四章,对移动互联网时代移动出版的现状和问题进行了梳理研究。我国的移动出版产业在快速发展的同时也面临着文化科技创新能力不足、研发应用滞后、产业链不完善、版权保护不力、缺乏差异化的优质内容及品牌意识等问题。本章在对移动出版的现状和问题加以研究探讨的基础上,对移动出版的未来研究进行展望并提出建议。

第五章,主要就移动阅读类 APP 的发展瓶颈及对策加以研究。随着移动互联网技术的发展和媒介融合的加深,移动阅读类

APP逐渐成为人们青睐的阅读方式，本章对目前移动阅读APP的发展状况加以探讨，重点指出其在内容和设计等方面同质化严重、存在“浅阅读”现象及社交互动和阅读体验不足、营利模式不清晰等问题，并提出相关对策，为该产业健康发展提供参考借鉴。

第六章，以上海“新华传媒”上市融资为例，对我国新闻出版集团资本化运作的路径进行探讨。随着媒体行业竞争日益激烈，新闻出版集团如何积极探索体制机制改革，吸收资本、做强做大，成为亟待解决的问题。“新华传媒”通过实施规范改制，借助重组实现上市，将上海新华发行集团和上海报业集团经营资源并购重组和整合，成为国内颇具实力的平面传媒上市公司，近年在完善产业链、促进媒介融合等方面不断有新举措，其资本运作路径对我国的新闻出版企业具有借鉴意义和示范性。

经济和文化的发展决定着媒介的演变，而媒介演变进一步推动着社会文化的发展。随着科学技术的进步，出版行业新现象、新事物不断涌现，且对以往历史的解读也有新的视角。麦克卢汉认为“媒介即讯息”，基于技术手段的媒介本身形态的变化，对于整个世界的革命性力量不容忽视，出版行业的巨大变革值得不断深入探究。

目　录

第一章　网络时代我国出版业的发展现状与挑战

图书是历史最悠久的文化传播媒介之一，在人类文明发展史上担负着积累知识和传播文化、引导舆论等重要功能。纵观媒介演变史，图书出版的发展主要是由社会生产力的发展及科技进步推动的，反过来又对社会经济的发展和人类文明进步起着重要的促进作用。随着近代化的推进和大众文化的兴起，图书一方面是承载知识的介质，一方面也有着商品的一般特征，承担起了文化消费的新功能，融入了大众文化的生产消费过程中。

20 世纪 70 年代末到 90 年代初，中国出版业处于恢复性发展与改革的初步探索时期。随着思想解放和改革开放的不断深入，出版管理部门及其从业者以往片面强调政治功能的思维方式发生了转变，出版物的双重属性特征渐渐得到了人们的广泛认同，图书、期刊等出版物因兼具经济属性（又称商品属性）和社会属性（又称意识形态属性)而被视为特殊商品。由于出版物具有意识形态特征,是否将出版物作为商品成为决定我国出版行业发展方向的核心所在。对这一问题认识的提高,推动着图书、期刊出版业的变革;而随之而来的对出版行业究竟隶属事业还是企业的讨论,也是理解出版业体制机制变革的关键所在。

20 世纪 90 年代初到 21 世纪初,我国改革开放的步伐加快,作为大众传媒的图书、期刊业从追求规范扩张转向提高质量效益,在市场竞争中充分发掘自身特点,打造了不少优质产品,对信息传播和社会文化发展起到了重要的推动作用。这一时期,电视等媒介的发展对纸质出版物的冲击日渐显现,网络媒体的影响也初露端倪。随着出版业改革向纵深发展,图书、期刊行业的市场化和集团化加速推进,对出版行业经济规律的探讨及其经营管理越来越引起人们的重视。出版业的集团化有助于在市场经济发展中实现资源优化配置,也是应对经济全球化和世界出版业竞争发展的必然趋势,不少知名的图书、期刊出版企业在规模化建设方面进行了积极而卓有成效的尝试。

21 世纪以来,总体来看我国出版业的规模还在不断扩大,图书出版能力有了很大提高,期刊业也呈平缓上升趋势。不过其他媒介,特别是网络媒体的迅猛发展,给传统出版行业带来了冲击和挑战。图书、期刊媒介的读者大量流失、发行量下降,广告市场也严重萎缩,一些企业甚至难以为继。网络对出版物的发行也造成巨大冲击,实体书店、报刊亭纷纷关门歇业,抑或艰难转型。

与此同时,互联网的发展也为出版行业带来了新的机遇,“媒介融合”理念开始深入人心，我国的数字出版产业迅速崛起。数字出版以其迅捷、存储量大、互动性强而不断占领国内图书市场。在这种情况下，传统的图书、期刊媒介的数字化转型势在必行，一些出版企业的探索已获得了可喜进展，但由于转型发展中遭遇的种种困难，出版业的媒介融合发展还在“路漫漫其修远”的探索之中。

一、网络时代的出版业融合发展

（一）新闻出版产业规模持续扩大

2000 年以来，我国图书出版能力有很大的提高，出版业各项指标都有所增长。2000 年全国出版图书 14.3 万种，总印数 63 亿册，分别为 1978 年的 950％和 170％；销售收入 1 536.80 亿元，利润总额为 110.57 亿元。全国共有图书出版社 565 家、音像出版社 292 家、电子出版物出版社 86 家，出版物发行网点 7.6 万处，各类印刷企业 15 万家，新闻出版从业人员 300 多万人。

21 世纪出版行业保持了较高的增长势头。根据中国新闻出版研究院发布的数据，2013 年，全国出版、印刷和发行服务实现营业收入 18 246.4 亿元，较 2012 年增加 1 611.1 亿元，增长 9.7％；利润总额 1 440.2 亿元，较 2012 年增加 122.8 亿元，增长 9.3％。这反映出新闻出版产业继续保持了较强的可持续发展能力。新闻出版部门把打造精品图书放到重要位置上，并出台多项措施，引导图书出版单位努力提高质量，不再单纯追求数量，取得了显著的成果；同时整顿图书出版特别是教辅类图书出版秩序，已取得成效。

国家新闻出版广电总局的《2015 年新闻出版产业分析报告》指出，2015 年我国新闻出版产业继续保持较快增长，营业收入突破 2.1 万亿元。全国出版、印刷和发行服务实现营业收入 21 655.9 亿元，较 2014 年增加 1 688.8 亿元，增长 8.5%。[①]《2016 年新闻出版产业分析报告》显示，2016 年全国出版、印刷和发行服务共实现营业收入 23 595.8 亿元，较 2015 年增加 1 939.9 亿元，增长 9.0%。2016 年的新闻出版业在主题出版、主流媒体传播、数字出版、对外版权输出、百亿级出版传媒集团建设、民营书业发展等方面可圈可点。[②]

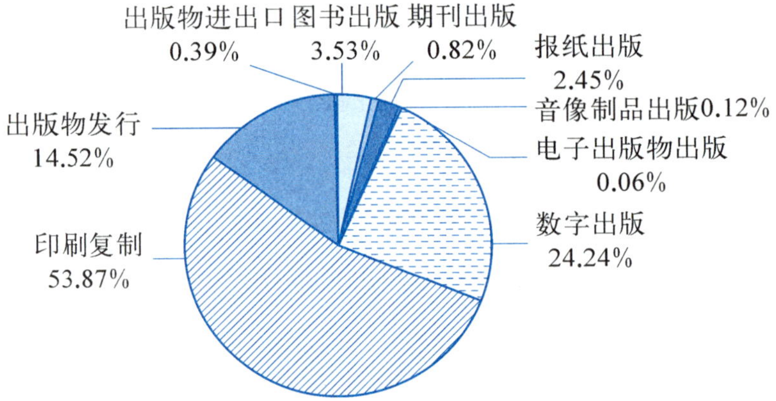

图 1-1 2016 年我国新闻出版产业营业收入构成[③]

资料来源：《2016 年新闻出版产业分析报告(摘要版·上)》。

---

① 《2015 年新闻出版产业分析报告(图表速览版)》，搜狐，http://www.sohu.com/a/109898634_178249。

②③ 《2016 年新闻出版产业分析报告(摘要版·上)》，中国新闻出版广电网，http://www.chinaxwcb.com/2017-07/25/content_358665.htm。

表 1－1　2016 年我国新闻出版产业结构①　单位：亿元，%

产业类别	营业收入			
	金　额	增长速度	比　重	比重变动
图书出版	832.31	1.19	3.53	−0.27
期刊出版	193.70	−3.63	0.82	−0.11
报纸出版	578.50	−7.61	2.45	−0.44
音像制品出版	27.51	4.80	0.12	0.00
电子出版物出版	13.20	6.37	0.06	0.00
数字出版	5 720.85	29.91	24.24	3.90
印刷复制	12 711.59	3.81	53.87	−2.66
出版物发行	3 426.61	5.96	14.52	−0.41
出版物进出口	91.52	8.69	0.39	0.00

资料来源：《2016 年新闻出版产业分析报告(摘要版・上)》。

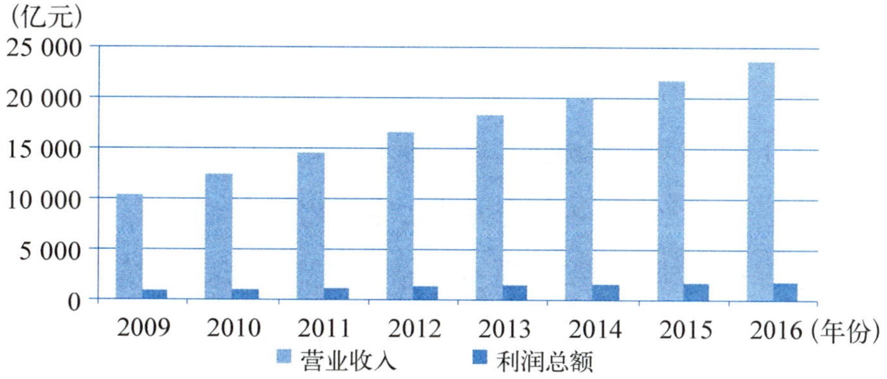

图 1－2　2009—2016 年新闻出版产业增长情况表

资料来源：笔者根据有关数据自制。

① 《2016 年新闻出版产业分析报告(摘要版・上)》，中国新闻出版广电网，http://www.chinaxwcb.com/2017－07/25/content_358665.htm。

表 1-2 2009—2016 年新闻出版产业增长情况 单位：亿元

年份	2009	2010	2011	2012	2013	2014	2015	2016
营业收入	10 341.2	12 375.2	14 568.6	16 635.3	18 246.4	19 967.1	21 655.9	23 595.8
利润	893.3	1 075.9	1 128.0	1 317.4	1 440.2	1 563.7	1 662.1	1 792

资料来源：笔者根据有关数据制作。

（二）精品图书传播建构社会主义核心价值体系

这一时期，新闻出版业旗帜鲜明地坚持主流意识形态，对图书媒介的舆论引导功能和商品属性的认识有了进一步发展。我国出版界在马克思列宁主义、毛泽东思想、邓小平理论、“三个代表”重要思想、科学发展观以及“中国梦”等经典理论著作及其研究性著作、普及读物的出版工作方面做了大量工作，巩固了社会主义意识形态阵地，为中国特色社会主义理论体系的形成发挥了重要作用。大批弘扬主旋律的作品，在建设社会主义核心价值体系方面起到了重要作用，如《建党伟业》《见证辉煌》《中国共产党历史（第二卷）》《苦难辉煌》《中国共产党为什么能》《武昌城》等销量名列市场前茅，这些书籍内容和编校质量都十分精良。出版业界出版了大量面向“三农”、面向未成年人、面向大众的群众喜闻乐见的优秀出版物，全国范围内整体出版生产能力大大增强，新闻出版工作的舆论引导水平和服务能力极大提高。

在 2016 年单品种印数排名前十的书籍中，主题出版品种继续占据半壁江山。其中，《习近平总书记系列重要讲话读本（2016 年版)》当年总印数超过5 200万册,《习近平关于严明党的纪律和规矩论述摘编》总印数超过600万册,《全面小康热点面对面》总印数超过200万册。《时事报告》平均期印数超过400万册。《人民日报》《参考消息》和《环球时报》等报纸平均期印数均超过100万份,《人民日报》平均期印数稳居综合类报纸第一。

(三)国家重大出版工程传播古今文明成果

从"十一五"开始,我国启动或完成了一批规模浩大、具有历史意义的国家重大出版工程项目,相继推出了《马克思恩格斯文集》《列宁选集》《中国大百科全书(第二版)》《中国材料工程大典》《爱因斯坦全集》等,汇聚并传播了当今时代的文明成果①。点校本《二十四史》及《清史稿》修订工程、《中华大典》等重大出版工程顺利推进,《中国大百科全书(第二版)》《辞海(第六版)》等重大工具书的出版,折射了新世纪国家科学文化建设的整体水平和高度,《中国材料工程大典》《中国植物志》等著作汇集并传播了我国科技发展的最新成果,《鲁迅全集(修订版)》《话说中国》《世纪文库》《凤凰文库》《中国儿童百科全书》《中国文学编年史》等在社会上产生较大影响②。

古籍整理方面,《全宋诗》《全宋文》《全元文》《全明文》《全元戏曲》《全粤诗》等陆续问世。《四库全书》《续修四库全书》

---

① 《重大出版工程:传播文明成果》,求是理论网,http://www.qstheory.cn/tbzt/wzqh/cjz/201010/t20101027_53903.htm。

② 《党的十六大以来出版业发展成就综述》,中国记协网,http://news.xinhuanet.com/zgjx/2012-11/08/c_131959723.htm。

《四库存目丛书》《四库禁毁书丛刊》等影印出版,《中华再造善本》《地方志灾异数据丛刊》等产生重大影响。另有《中华大藏经》以及一批总集、别集、大型类书丛书出版。各类大型出土文献和海外汉籍出版已成规模,如俄藏、英藏、法藏敦煌文献,俄藏黑水城文献,吐鲁番出土文书系列,马王堆汉墓帛书整理本等。

(四)期刊市场细分趋势明显

市场细分的根本原因是消费需求和消费主体的不断进步,越来越追求个性。再加上其他媒介的冲击,期刊想要保持自身的竞争力,就要有自己的特色目标市场,进行差异化竞争。市场细分首先是受众市场的细分,比如同是女性刊物,根据年龄细分受众,出现了《希望》《少女》《风韵》(30岁女性)等针对不同年龄段女性的刊物。如以特定性别为目标读者的《女友》《时尚先生》;以特定职业为目标读者的《读者乡村版》《打工》等。其次是发行市场的细分。近年来也出现了以某地域为发行目标的期刊,例如以北京、上海、广州、西安为目标的部分高档财经杂志和部分直投(DM)杂志,如《生活速递》《长安客》《影人视界》等。随着市场细分愈演愈烈,中国期刊市场出现了像《私人理财》《钱经》《科学投资》这样高度细分的期刊。市场细分使得期刊的平均发行量大幅下降,但是期刊的品种增多。在印数普遍下降的情况下,也有若干类别的期刊呈现上升态势,如时政类、育儿类、体育类等期刊等。

（五）音像电子出版的发展情况

改革开放以来，我国的音像出版发展迅速，出版单位由 1 家发展到了 300 多家。2004—2006 年，音像制品销售额均仅次于图书销售额，位居国内全行业第二（此处销售金额没有计入期刊、报纸的广告收入）。进入 21 世纪以来，我国音像产业的出版品种、数量整体加快。到 2006 年，音像出版的品种达到 3.37 万种，出版量达到 5.8 亿盒，发行金额达到 35 亿多元，呈加速发展态势。在出版数量上，以 2003 年为界，在此之前录音制品数量高于录像制品数量，在此之后录像制品数量远高于录音制品的数量[①]。在发行金额方面，2001 年之前，录音制品的发行金额是音像制品发行金额的主力，在此之后，录像制品的发行金额成为音像业发行金额的主力。但近年来受到数字出版的影响以及盗版等问题的困扰，音像制品数量有所下降。2016 年，全国共出版音像制品 14 353 种，较 2015 年降低 6.6%；出版数量 22 124.3 万盒（张），降低 24.8%。音像制品出版实现营业收入 27.5 亿元，增长 4.8%；利润总额 3.7 亿元，降低 7.1%。

（六）出版对外传播营造公正的国际舆论环境

这些年我国出版行业对外传播能力取得了长足的进步。从业者越来越清晰地认识到，加快新闻出版“走出去”的步伐，将中国的

① 《中外音像出版产业状况及相关政策研究》课题组：《音像出版：助推文化大发展大繁荣》，《中国新闻出版报》2008 年 5 月 7 日。

真实发展情况全面而客观地传播给世界，逐渐打破西方少数国家垄断话语权的状况，使得外部世界可以更多地了解中国，进一步为我国的发展打造一个比较客观公正的国际舆论氛围，成了迫在眉睫的事情。

经过全行业的努力，在版权输出、数字出版产品出口、实物产品出口、印刷服务出口、企业和资本走出去等方面都有了进步。2016 年，全国累计出口图书、报纸、期刊、音像制品、电子出版物、数字出版物数量 2 181.7 万册（份、盒、张），较 2015 年增长 2.7%；金额 11 010.8 万美元，较 2015 年增长 5.0%。全国累计进口图书、报纸、期刊、音像制品、电子出版物、数字出版物数量 3 119.0 万册（份、盒、张），较 2015 年增长 10.5%；金额 55 911.1 万美元，较 2015 年增长 2.1%。进出口总额 66 921.9 万美元。全国出版物进出口经营单位实现营业收入 91.5 亿元，较 2015 年增长 8.7%；利润总额 3.3 亿元，较 2015 年增长 41.5%。2016 年我国对外版权输出增速加快。全国共输出版权 11 133 种，较 2015 年增长 6.3%。其中，输出出版物版权 9 811 种，增长 10.7%；电子出版物版权贸易实现大幅顺差，净输出 1 047 种，增长 192.5%，输出品种数量为引进品种数量的 5.8 倍。[①]

“走出去”的渠道、方式也日趋多元化。我国出版行业每年参加各类国际书展 40 多个。《中国震撼》等一批探讨中国发展道路、反映中国主题的作品输出海外，《美丽的湘西》《神奇的新疆》《中国

---

① 《2016 年新闻出版产业分析报告（摘要版 · 上）》，中国新闻出版广电网，http://www.chinaxwcb.com/2017-07/25/content_358665.htm。

珍宝》和文学类的《中国短篇小说(1991—2000)十年选》、散文《中国女子》等一批体现中华优秀文化的图书在海外市场广受欢迎,《大中华文库》(汉英对照)、《文化中国》(英文版)等图书进入欧美主流销售渠道,《读者》《中国新闻周刊》等媒体海外发行和落地取得突破①。

二、网络时代期刊出版的困境与机遇

近年来,在数字技术、网络技术、信息技术等新技术的强力推动下,新兴媒体迅速崛起,特别是进入21世纪以来,以互联网为代表的新媒体在世界各国迅猛发展。随着麦克卢汉的"媒介即讯息"理论重新引起人们重视,自媒体成为人们生活不可或缺的一部分,强调信息共享和互动交流的Web2.0时代已经到来,甚至有人认为已进入Web3.0时代。新媒体正以排山倒海之势,为媒介生态带来深刻而巨大的变革,不仅对期刊等传统大众媒体的发展构成威胁、带来冲击,同时也给传统媒体在数字时代谋求突破性发展提供了新的机遇。

(一)期刊出版受到新媒体的巨大冲击

21世纪以来,期刊作为传统大众媒体的组成部分,同样受到

① 钟轩初:《党的十六大以来出版业发展成就综述》,中国新闻出版网,http://www.chinaxwcb.com/2012-11/08/content_256478.htm。

了新媒体的影响，移动互联网等新技术给期刊业带来的冲击主要表现为两方面：一是读者大量流失。新媒体以其迅捷、互动性强、信息量大等传播优势分流了一部分传统期刊的受众，越来越多的中青年人更习惯于从网络等新媒体获取信息，这使得不少期刊的发行量、发行印张等逐年下滑。二是广告市场萎缩。传统媒体与新媒体的此消彼长，将不少广告投放商吸引到新媒体那里，使得期刊广告占有的市场份额不断缩小，一些期刊甚至难以为继。2014 年 2 月 19 日，创立 3 年零 10 个月的纯文学杂志《天南》宣布停刊，相继停刊的还有《壹读》《新科幻》《都市主妇》《读者原创版·全世爱》《好主妇》《心理月刊》等一批刊物，不乏曾一度相当耀眼者。《瑞丽》杂志品牌旗下的《瑞丽时尚先锋》，于 2016 年 1 月起停止印刷，停刊后《瑞丽时尚先锋》将只保留电子版并发展电商业务。① 曾经备受都市白领青睐的《外滩画报》也宣告于 2016 年起正式停刊。② 尽管如此，从媒介发展现状来看，至少对期刊而言，新媒体与期刊之间并非取而代之的关系。由于期刊有着其他媒体无可比拟的独特优势，如一些品牌期刊具有权威性和公信力、内容资源丰富、历史积淀厚重等，还是很有竞争力的；期刊的相对小众化、目标读者更有针对性，也使得其在广告市场上受到青睐。新媒体的冲击，对传统期刊来说既是挑战也有机遇。

---

① 《瑞丽时尚先锋》停刊 纸媒最后的堡垒被攻破.腾讯网，http：//tech.qq.com/a/20151113/049003.htm。

② 《外滩画报》发布第 673 期并宣告 2016 年休刊.网易，http：//news.163.com/15/1215/00/BAR8HGHT00014SEH.html。

表 1－3　2001—2016 年我国期刊出版情况①

年　份	2001	2002	2003	2004	2005	2006	2007	2008
种数(种)	8 889	9 029	9 074	9 490	9 468	9 468	9 468	9 549
总印数(亿册)	28.9	29.5	29.5	28.3	27.6	28.5	30.4	31.0
年　份	2009	2010	2011	2012	2013	2014	2015	2016
种数(种)	9 851	9 884	9 849	9 867	9 877	9 966	10 014	10 084
总印数(亿册)	31.5	32.2	32.9	33.5	32.7	31.0	28.78	27

资料来源：笔者根据有关资料自制。

从表 1－3 可以看出，21 世纪以来，期刊种数总体上呈平缓上升趋势，2010 年达到峰值，之后有所下降，而近两年又呈上升趋势；总印数增长缓慢，近几年甚至有所下降。据统计，2012 年我国共出版期刊 9 867 种，总印数为 33.5 亿册；2016 年出版期刊 10 084 种，总印数为 27 亿册。不过具体到期刊类别还是有升有降的，有的期刊类别下降明显，如男性类、育儿类、财经类期刊等，有些期刊类别下降不明显，也有一些类别反而呈现了上升的势头，如女性类、动漫类、摄影类、文摘类等。② 而在销售终端方面，作为期刊销售主渠道之一的报刊亭大面积减少，如 2013 年南京近一半报刊亭被拆除，郑州也拆掉了最后一家报刊亭。这对于处于危机中的传统期刊业而言，无疑是雪上加霜。③ 期刊广告市场也遭遇寒潮，据梅花

① 2001—2013 年数据来源：《中国统计摘要 2015》，北京：中国统计出版社 2015 年，第 161 页。《2014 年全国新闻出版业基本情况》，中国记协网，http://news.xinhuanet.com/zgjx/2015－09/06/c_134593408.htm。

② 杨春兰：《2013 中国期刊业：寻求突破与融合》，《中国期刊年鉴 2014》，北京：中国期刊年鉴社 2014 年，第 166 页。

③ 马雪芬：《2013 年期刊业盘点》，《传媒》2014 年第 1 期，第 25 页。

网广告监测数据显示，2013 年上半年，期刊媒体广告花费整体下降 7%，广告量下降 10.4%，期刊媒体结束了长期以来的增长势头，出现负增长。①

《特别关注》杂志社社长朱玉祥提供了两组数据：中国邮政对 100 种畅销报刊作了统计，其中 70%的纸媒在 2013 年没有完成预计发行目标；而 2014 年，中国几乎所有健康类的纸质媒体都得到了丰厚的回报。在朱玉祥看来，这组数据说明了两个问题："一是从统计来看，在大多数纸媒出现问题的情况下，只有少数纸媒在发展过程中保持了非常好的势头，而这些媒体主要是那些在互联网时代依旧在挖掘内容的媒体；二是当刊物给了读者好处、迎合时代的需求时，市场自然会给你一个巨大拥抱。"②

（二）期刊的差异化竞争和品牌策略

期刊市场的竞争日趋激烈，整个期刊行业呈现细分化、市场化、产业化的发展趋势。在这种情形下，传统期刊要想获得生存和发展，就必须根据自身特色，找准自己在互联网时代的定位，争取在发挥好期刊的大众媒体传播功能的同时，也能找到新的营利模式和发展路径。近几年报刊专业化、细分化趋势明显加快。2015 年，平均期印数超过百万册的前 10 位期刊中，《读者》《小学生时代》《知音漫客》《青年文摘》等文摘类、少儿类期刊超过半数，2016 年情况也差不多。

---

① 杨春兰：《2013 中国期刊业：寻求突破与融合》，《中国期刊年鉴 2014》，北京：中国期刊年鉴社 2014 年，第 166 页。

② 赵新乐：《数字浪潮下，期刊改革往何处着力》，《中国新闻出版报》2014 年 1 月 28 日。

表 1－4　2015 年平均期印数排名前 10 位的期刊①

排名	期刊名称	刊期	所在省份	2014 年排名
1	时事报告(大学生版)	半年刊	北京	3
2	读者	半月刊	甘肃	2
3	特别关注	月刊	湖北	1
4	小学生时代	月刊	浙江	10
5	求是	半月刊	北京	4
6	中共中央办公厅通讯	月刊	北京	6
7	知音漫客	周刊	湖北	5
8	时事(《时事报告》中学生版)	月刊	北京	7
9	青年文摘	半月刊	北京	11
10	意林	旬刊	吉林	8

资料来源：中国经济网。

表 1－5　2016 年平均期印数排名前 10 位的期刊②

排名	期刊名称	刊期	所在省份	2015 年排名
1	时事报告(大学生版)	半年刊	北京	1
2	读者	半月刊	甘肃	2
3	特别关注	月刊	湖北	3
4	求是	半月刊	北京	5
5	小学生时代	月刊	浙江	4

① 中国经济网综合：《2015 年新闻出版产业分析报告》，中国经济网，http：//www.ce.cn/culture/gd/201608/26/t20160826_15285562.shtml。

② 《2016 年新闻出版产业分析报告(摘要版・上)》，中国新闻出版广电网，http：//www.chinaxwcb.com/2017－07/25/content_358665.htm。

续 表

排名	期刊名称	刊期	所在省份	2015年排名
6	中共中央办公厅通讯	月刊	北京	6
7	青年文摘	半月刊	北京	9
8	时事(《时事报告》中学生版)	月刊	北京	8
9	家庭医生	半月刊	广东	11
10	半月谈	半月刊	中央在京	12

资料来源：中国新闻出版广电网。

从期刊市场细分角度加以观照，育儿类期刊近年来经过一再细分，婴幼儿类期刊更贴近生活并具指导性，受到市场欢迎；与时事热点增多和世界级各类赛事增多相关，体育类、时政类期刊也呈现出上升态势。在育儿类期刊方面，从竞争格局来看，销量排名靠前的有《妈咪宝贝》《父母必读》《妈妈宝宝》《父母世界》《时尚育儿》等。其中，《妈咪宝贝》占整个市场1/3的份额，在零售市场处于主导地位；《父母必读》《妈妈宝宝》《父母世界》的市场份额为15%—20%，与《妈咪宝贝》相差10%以上；《时尚育儿》的市场份额在12%左右。①

众所周知，21世纪市场竞争已不仅仅停留在产品竞争的层面上，而是跨进了品牌竞争的层面，这也是市场化的结果。我国的一些品牌期刊，如《瑞丽》《时尚》《读者》《女友》等，相比创刊之初有了进一步的发展。面对传媒介质的推陈出新和多样化并存的现状，

① 晋雅芬：《上半年期刊零售发行市场：有升有降》，《中国新闻出版报》2014年9月16日。

众多大众化期刊面临的难题是：传统期刊如何顺应时代变化，继续保持行业中的领先地位。

成立于1995年的《瑞丽》，其品牌价值在期刊中居于前列。该时尚媒体集团以《瑞丽》等平面期刊出版为主业，同时也从事新媒体、图书、无线移动等多种媒体的出版运营，并在此基础上开展广告、发行、活动推广、模特经纪、电子商务等多项业务。在数字业务方面，《瑞丽》在2009年应对市场变动，依据客户群体的需求及时推出了《瑞丽》的手机版，开始了新平台上的探索。目前，《瑞丽》五大数字化平台有瑞丽女性网（门户网站）、瑞丽无线业务（移动终端）、瑞丽电子杂志（数字出版）、瑞丽女性社区（互动论坛）以及瑞丽读者数据库（数据整合平台）。这五大平台构建起《瑞丽》杂志数字化转型的基础。①

《知音》杂志创刊于1985年，该杂志以悲惨曲折的爱情故事及名人轶事为主要内容，走的是一条不同于精英文化的路线，创办不久发行量就突破百万册。2000年1月成立了湖北知音期刊出版实业集团有限责任公司，2006年组建"湖北知音传媒集团"（简称"知音集团"）。数据显示，截至2013年，知音集团现有总资产10.3亿元，实现营收和净利润5.79亿元和1.15亿元。集团下属9刊2报，月发行总量1 000余万份。② 总的来说，《知音》坚持个性特色的发展道路，其"深入生活、深入心灵"的办刊理念很快与读者形成

① 石磊、郑浩娟：《传统杂志的数字化转型与融合发展——以时尚杂志〈瑞丽〉为例》，《新闻界》2015年第3期，第22页。

② 《湖北知音集团简介》，http://www.zhiyin.cn/copyright/about/introduction.html。

共鸣。在媒介市场大潮的搏击中，知音集团由最初的期刊出版，扩张到了书刊发行、广告经营、印刷制版、物业开发、高等教育等多元化发展的经营格局。

知音集团还不断地进行品牌延伸，漫画杂志《知音漫客》就是一例。创办于2006年的《知音漫客》成为国内发行过百万的动漫期刊，进一步加强周边产品研发，其巨大成功反过来又推动了《知音》品牌的塑造。凭借《知音》为起点的纪实故事产业链和以《知音漫客》为起点的动漫产业链，储备和孵化了一大批优质IP资源，形成了有较强影响力的产业板块。

（三）读者阅读习惯改变与期刊的媒体融合道路

2010年，新闻出版总署出台关于我国数字出版的相关文件之后，我国期刊纷纷进行数字化出版方面的尝试。2014年8月18日，中央最高决策层审议通过了《关于推动传统媒体和新兴媒体融合发展的指导意见》，提出“要推动传统媒体和新兴媒体在内容、渠道、平台、经营、管理等方面的深度融合”。传统期刊的一些从业者呼吁，传统媒体与新媒体应相互借鉴、共生共荣，积极探索二者融合发展的最佳切入点，有效整合内外资源，力求实现可持续的新兴媒体融合发展。

新媒体的发展促使人们的阅读方式发生了革命性的变化，人类开始进入“快速点击阅读”时代。在网络时代，信息以海量、碎片化形式呈现，受众的阅读习惯发生了很大变化，如：从读刊到读篇、跳跃式阅读；从被动阅读到主动传播，具体表现为搜索式、标题式、定制式阅读；整合式阅读倾向，通过关键词打通文与文、刊与刊、现刊与过刊之间的界限；不满足于简单的信息报道，而是期待各家观点的整合和数据全面的深度阅读。①

期刊为了满足读者的数字化生活习惯和阅读方式，积极进行数字化的尝试，并从提供内容转向提供服务。期刊数字化大致有几种途径：一些期刊将纸质期刊原封不动地转化为电子版，呈现在网络上；一些期刊利用中国知网等数字出版平台来传播自己的内容，将期刊以篇或本进行呈现，供用户检索和阅读；一些实力较强的期刊，建立自己的门户网站以及数据库，为用户提供电子版下载；还有一些期刊除了将印刷版期刊电子化外，还出版原创的电子杂志，来推广品牌，实现期刊的可持续发展。随着移动互联网的普及和手持阅读终端如手机、平板电脑等出现，移动终端渐渐成为期刊数字化转型的首选渠道。

不少著名期刊利用其品牌优势加大数字化的投入，成果丰硕，显现了网络时代给期刊发展带来的新机遇。《故事会》在原有品牌优势的基础上，积极进行多媒体探索，先后推出了故事中国网、旅游天地网等，并开发了手机终端产品。2015 年下半年以来，故事会公司先后与掌阅科技、喜马拉雅 FM、咪咕数媒等公司签订战略协议，以品牌授权、业务委托等方式，使得《故事会》更好地介入新媒体业务领域。2016 年故事会公司新媒体业务的营收规模达到百万元级。故事会公司也在不断加强自身新媒体能力的建设，《故事

① 《网络对纸质期刊的冲击到底有多大?》，http：//news. pack. cn/hydt/market/20090907/151435.shtml。

会》微信公众号的粉丝目前已经突破 35 万,《故事会》的搜狐新闻客户端下载用户超过了 700 万。《故事会》品牌在数字阅读领域得到了一定的强化。① 此外,《好孩子画报》从无声变为有声,也引发了人们对于有声杂志市场前景的思考与探讨。

一些比较小众的期刊在媒体融合方面也卓有成效。如《小樱桃》是一本亲子共读的漫画杂志,重点刊登小樱桃动漫作品,打造"小樱桃"这一国产动漫品牌。该刊的读者对象主要是小学生,提出要帮助儿童培养幽默感、提升想象力的理念。读者用手机下载一款杂志专用的阅读软件后,用手机扫一下标题,手机屏幕上就会播放动画片。杂志还不断开发衍生产品,如小姑娘的饮料、点读笔等。目前,《小樱桃》期发行量达 15 万册。并创下了单本刊物年产值 1 000 多万元的佳绩。② 利用互联网移动技术,以孩子们喜欢的动画形式为内容载体,实现了跨界融合发展,同时为《小樱桃》系列产品做好市场铺垫,最终创建多业态的产业集群。

期刊业在探索发行数字化方面也卓有成效,在 2013 年"双 11"期间,当当网、杂志铺等电子商务平台,开展了 5 折订阅期刊的优惠活动,不少期刊在"双 11"当天的订阅量达到了上千份。此外,期刊社在淘宝上开店,参加聚划算团购,更成为常态。③《东方娃娃》杂志社 2010 年开始自建网上销售渠道,与自媒体合作后,2014 年

① 《创新融合,推进〈故事会〉品牌的建设发展》,故事中国,http://www.storychina.cn/frmFocusAttention_Detail.aspx? ID=1330。

② 杨青:《媒体融合背景下期刊数字化转型的出路——传统媒体数字化转型例析》,张天明主编:《互联网+出版——出版科学探索第 12 辑》,长沙:湖南人民出版社,2016 年,第 257 页。

③ 马雪芬:《2013 期刊业盘点》,《传媒》2014 年第 1 期,第 25 页。

销售收入突破千万元，2015 年推出自有电台“月亮婆婆讲故事”以及微信公众号，截至 2015 年 5 月销售收入已突破 800 万元。[①] 众多期刊纷纷开通了微信公众号，进行刊物的营销，并且推出各种线下活动，积极与读者互动，增加读者对媒介品牌的粘度。

《楼市》是由浙江出版联合集团主管、浙江省期刊总社主办的一份大型房地产专业期刊。刊物旨在以专业的政策解读、纵深的行业报道、全面的资讯服务、互动的读者参与，打造符合读者需求的出版物。《楼市》主动与新媒体融合，创办了房产新媒体平台——i 楼市，它是目前我国颇具市场影响力和专业深度的房产移动媒体平台，专注为购房者、房产投资人、开发商等用户提供专业的房地产多媒体互动平台。i 楼市成为全国首个基于微信公众账号的房产分销平台，超级图片嵌入声音、文字、视频链接等多媒体信息，可以被分享到微博、微信、QQ 空间等任意网站。“超级图片”成为《楼市》链接世界的快捷方式，让《楼市》真正成为中国第一本互联网杂志。无论读者走到哪里，只要打开《楼市》软件，就可以搜索到当地的任一楼盘，获得详细的楼市信息。[②]《楼市》与新媒体深度融合，拥有良好的平面媒体、电视、电台、网络等媒体合作关系，并组建新锐媒体联盟，形成强势的交叉、互动、立体式传播，线上线下移动互联，增加了杂志的服务职能，让杂志与用户紧密联系

---

① 李明远：《少儿报刊迎接数字浪潮》，中国社会科学网，http://www.cssn.cn/bk/bkpd_qklm/bkpd_qkszh/201509/t20150921_2409140.shtml。

② 杨青：《媒体融合背景下期刊数字化转型的出路——传统媒体数字化转型例析》，张天明主编：《互联网＋出版——出版科学探索第 12 辑》，长沙：湖南人民出版社，2016 年，第 255 页。

起来，形成杂志产业延伸，通过网络平台为读者提供专业服务，并实现营利。

三、媒介融合语境下的数字出版快速发展

近年来，随着移动互联网技术、数字技术等的飞速发展，我国的数字出版产业迅速崛起。数字出版凭借其可随时随地阅读的便捷性、存储量巨大、内容检索十分方便、成本比较低廉、可以交流互动等优势不断占领国内图书市场，已成为“新闻出版业的战略性新兴产业和出版业发展的主要方向，也是国民经济和社会信息化的重要组成部分”。① 我国的数字出版呈快速发展态势，但从规模和影响力等角度来看，数字出版业仍处于初级阶段，在快速发展的同时也面临着许多问题。

出版业与计算机技术、通信技术、网络技术等高新技术相结合，使得数字出版这种新兴的出版业态得以面世，“其主要特征为内容生产数字化、管理过程数字化、产品形态数字化和传播渠道网络化”②。数字出版的产生发展与“媒介融合”(一称媒体融合)密切相关。一般认为，“媒介融合”(Media Convergence)这一概念产生于 20 世纪 80 年代的美国，简而言之就是把那些原来属于不同

---

①② 《数字出版“十二五”时期发展规划》，http://www.chinaxwcb.com/2011-04/27/content_220643.htm。

类型的媒介结合在一起。21世纪以来，新媒体与传统媒体之间的差异渐趋淡化，传媒产业进入媒介融合时代。据此，已有学者进一步指出："'任何人'在'任何地点'和'任何时候'获取'任何想要的东西'，这是所有媒介在数字化时代发展的内在驱动力和终极目标，由此带来了传统媒体和新媒体、传统传媒产业和其他产业之间的交融，形成了融合化的'大媒介'产业形态。"①

2010年在北京举办的"媒介融合背景下的传媒创新"学术研讨会上，专家指出，随着互联网技术、通信技术、广播电视技术的蓬勃发展，传统媒体不断整合新的技术，新旧媒体相互融合，已成为媒体在可预见的未来生存与发展的重要趋势。受众群体不断扩大，是媒介融合发展的重要推动力量，也是数字出版繁荣的基础。2017年年底，中国互联网络的网民规模已达7.72亿，普及率达到55.8%，较2016年年底提升2.6%；而手机网民数量达7.53亿，占比达97.5%。移动互联网与线下经济的联系也越来越紧密，2016年，我国手机网上支付用户规模增长迅速，达到4.69亿，年增长率为31.2%，网民手机网上支付的使用比例由57.7%提升至67.5%。②

在媒介融合背景下，传统的图书出版业受到了前所未有的冲击与挑战。据中国新闻出版研究院统计，2016年，我国成年国民图书阅读率为58.8%，较2015年上升0.4%；数字化阅读方式的接触

---

① 欧阳志荣：《媒介融合时代的传统出版业：焦虑与应对》，《出版科学》2011年第4期，第56页。

② 《中国网民规模已达7.72亿手机网民占提升至97.5%》，http://www.sohu.com/a/220066814_162758。

率为68.2%,较2015年上升4.2%;各媒介综合阅读率为79.9%,较2015年上升0.3%。[①] 2016年,数字出版继续保持高速增长,对全行业营业收入增长贡献超2/3。数字出版实现营业收入5 720.9亿元,较2015年增加1 317.0亿元,增长29.9%,占全行业营业收入的24.2%,提高3.9%;对全行业营业收入增长贡献率达67.9%,提高7.7%,增长速度与增长贡献在新闻出版各产业类别中继续位居第一,已成为拉动产业增长"三驾马车"之首。[②]

数字出版作为一种新业态,其所表现出的巨大的潜力和发展势头引人瞩目。积极探索新营利和发展模式,依靠数字化信息和数据占领未来市场,成为传统出版业图书出版社所面临的突出问题。一方面,图书出版单位总体规模相对较小,而在未来的竞争中,经济实力将决定企业的话语权;另一方面,互联网发展赋予"内容为王"概念以新的含义,但几乎所有的图书出版社在图书资源数字化整合集成过程中,扮演的只是电子图书出版资源提供者的角色。同时,在数字平台上,传统的出版企业也已经失去占据网络平台品牌的先机。因此,在进入数字化时代后,传统图书出版必须尽快找准自己的位置,适应数字化时代的新要求,寻求"突围"的有效途径[③]。

在这个新媒体技术飞速发展的时代,纸张不再是唯一的出版

① 《第十四次全国国民阅读调查报告出炉:2016年人均阅读7.86》,http://book.sina.com.cn/news/whxw/2017-04-18/doc-ifyeimqy2574493.shtml。

② 《2016年新闻出版产业分析报告(摘要版·上)》,中国新闻出版广电网,http://www.chinaxwcb.com/2017-07/25/content_358665.htm。

③ 欧阳志荣:《媒介融合时代的传统出版业:焦虑与应对》,《出版科学》2011年第4期,第56页。

内容承载媒介，读者有了多种获取内容的方式，传统图书出版的弱势已经凸显。在媒介融合的大环境下，受众可以通过各种传播渠道获得大量信息、资源。新媒体的出现使文化产品的传播手段越来越多样化。在高度信息化的社会里，人与人之间的交往更加密切，媒介与社会间的互动更加频繁。如何整合各种传播渠道，使这些信息资源更好地被传播和接受，向出版人提出了新挑战。有关数字出版当前的发展情况、问题和对策，笔者将在本书的第二章中加以具体分析。

四、出版企业的集团化建设历程

（一）组建出版集团的必要性及其主要类型

改革开放以来，中国出版业的发展突飞猛进。为了适应我国的经济结构调整，以及加快出版产业的改革力度，出版管理部门和业界人士着手探索制定出版集团化发展的战略措施，旨在提高出版业的生产力和国际竞争力。出版集团的组建和积极上市融资，是产业做大做强的一条路径。我国出版企业的集团化探索，为出版行业优化配置资源提供了可能性，推动了我国的社会主义出版事业繁荣壮大。

组建出版集团也是经济全球化和世界出版业发展的必然趋势。在经济全球化的背景下，西方发达国家的行业巨头为抢占市场，赚取高额垄断利润，不断展开兼并、联合行动，出版业内跨国、跨行业的集团兼并、联合、协作浪潮也是愈演愈烈。虽然中国出版内容市场并未开放,但实际上外国的出版商已经以多种方式渗透进了中国出版行业。当年为了应对中国加入 WTO 面临的挑战,我国政府采取多种措施引导组建出版集团,加入世界贸易组织以后,各种资本进入出版物分销服务的限制逐步取消,出版物分销服务的竞争更加激烈,组建出版集团可以在短期内迅速壮大实力、提高竞争能力,以应对来自国内外的挑战。

我国以各出版社为主体组建的出版集团,大体有四种模式:省域性编印发一体化出版集团,如辽宁出版集团、山东出版集团;以出版为主业,涵盖一般出版、教育出版和专业出版,横向联合建立书报刊电子音像为一体的综合性媒介集团,如上海世纪出版集团、北京出版集团;走内涵式发展道路、自我扩张的专业性出版集团,如高等教育出版社、外语教学与研究出版社;跨地区专业出版集团,如中国科学出版集团。前两种模式主要是在行政力量推动下组建的,具有横向、地域特点的出版集团,后两种为未来出版集团的主流发展方向。

(二)我国出版集团的发展历程

我国出版业集团建设发展的历程,与中国企业集团化的历程是大致是同时进行的,只是比一般企业集团建设的步伐要慢些。总的来看,我国的出版业集团建设可以分为三个阶段:

1. 第一阶段是 20 世纪 80 年代建立在自愿基础上的、跨地区的松散发行联盟

这一阶段的出版集团以地方文艺出版社联合发行集团和华东

省级新华书店发行集团为代表。1986 年国务院颁布了《关于进一步推动横向经济联合若干问题的规定》(《国发 1986 年 38 号》),这可以看作政府推动企业集团建设的开始。1987 年 12 月,国家体改委、国家经委为贯彻落实国务院 38 号文件的精神,发布了《关于组建和发展企业集团的几点意见》指出:组建企业集团应有多层的组织结构,由紧密联合的核心层、半紧密联合层以及松散联合层组成,企业集团可以试行股份制等。①

正是在这样一个大背景之下,出版业的集团建设开始起步。1988 年 11 月,花城出版社、江苏文艺出版社、安徽文艺出版社、北方文艺出版社、北岳文艺出版社、山东文艺出版社、四川文艺出版社、浙江文艺出版社、长江文艺出版社、江西文艺出版社、海南人民出版社 11 家地方文艺出版社在济南宣布联合,并在武汉成立了"地方文艺出版社联合发行集团"。组建这一集团的目的,是在出版社自办发行组织不断出现的情况下,探索如何搞好内部协作,发挥联合体的优势,取长补短,以便共同发展,逐步向紧密性、高效率方向迈进。集团章程规定:全体成员社在各辖省内挂牌,设立 11 家文艺出版社图书特约经销处;集团各成员社之间定期交流选题,避免重复撞车,努力控制图书市场的混乱和减少不必要的经济损失,尽可能地探讨和实施多种形式②。至 1989 年 4 月,加入集团的出版社已达 15 家。

1989 年 6 月,华东 6 省 1 市(山东省、江苏省、浙江省、安徽省、

---

①② 中国出版科学研究所"中国出版集团研究"课题组:《中国出版集团研究》,《出版发行研究》2001 年第 1 期,第 5 页。

福建省、江西省、上海市)的新华书店联合成立了“华东省级新华书店发行集团”,集团的宗旨是质量第一,服务至上,互相支持,立足华东,面向全国,共同发展[①]。集团编印联合征订图书目录,对列入联合征订目录的图书一律实行包销等。

从这两个集团的组成形式来看,主要有以下特点:

(1) 是企业间自愿、自发的组织;

(2) 是跨行政区域的组织;

(3) 没有核心层、紧密层及半紧密层之分;

(4) 是以商品销售为纽带的松散的经济联合组织。[②]

这一阶段推动集团形成的动力是市场压力而非政府压力,所以这一阶段也可以称为市场主导型的阶段。但是由于没有解决集团成员间的纽带问题,集团成员之间既没有资本的联结,也没有行政的联结,所以集而不团。这一阶段的几个集团现在基本上不存在了。

2. 以行政区划为基础、由地方政府批准的联系紧密的企业集团

1991—1995 年是第二阶段。90 年代初期,国家对企业集团的组织形式提出了新的要求,1991 年 12 月 14 日,国务院批转了国家计委、国家体改委、国务院生产办公室《关于选择一批大型企业集团进行试点的请示》,这个文件提出试点企业集团必须具备以下

① 《中国出版集团发展概述》,《中国传媒集团发展报告》,长沙:湖南教育出版社,2004 年,第 54 页。

② 王建辉:《出版集团的成长历程》,《编辑之友》2008 年 11 期。

条件：

（1）有一个实力强大、具有投资中心功能的集团核心；

（2）有多层次的组织结构；

（3）要通过资产和生产经营的纽带把核心企业与其他企业组成有机整体；

（4）核心企业和成员企业各自都具有法人资格，这是企业集团与单个大型企业的重要区别。

这一阶段主要的出版集团有山东出版（集团）总社。1992年4月经山东省体改委、计委、经委发文成立，包括11个出版社、11个音像出版社、1个画报社、5个印刷厂、5个物资公司、4个图书发行公司，共包括出版、印刷、发行、物资、外贸等40多家单位，职工约14 000人，固定资产5亿元，1992年销售收入为14.3亿元。

此外，影响较大的还有四川出版集团公司、江西出版集团等。除了以上3个出版集团以外，这一时期出版行业成立的集团还有广州新华书店企业集团、德州新华书店出版发行集团总公司、新疆出版印刷集团公司、天津出版贸易集团公司、浙江印刷集团、辽宁出版（集团）总社等。

这一阶段的集团有以下几个特点：都是经过地方政府（包括省市、地区政府）批准组建的；以行政区域和行政管辖范围为基础，以行政隶属关系而非产权关系为主；由于多数以行政力量为纽带，体制和机制没有相应改变，缺少实际内容，总体并不够成功。

3. 由中央政府批准、以资产为纽带的出版集团

第三阶段是1996年至今成立的包括以出版社为主的出版集

团，以出版物发行为主的发行集团以及期刊集团等。这一阶段的出版集团类型增加，开始按照现代企业制度改造集团，但仍以政府为主导，政企分开的尝试有一定阻力。如果用国际出版集团的发展标准来衡量的话，我国出版集团基本还属于规模扩张阶段。

上海世纪出版集团于 1998 年 12 月经新闻出版署批准组建，1999 年 2 月挂牌成立。至 2003 年年底，国家试点出版集团已有 13 家（中国出版集团、上海世纪出版集团、广东出版集团、辽宁出版集团、北京出版社出版集团、中国科学出版集团、山东出版集团、江苏出版集团、浙江出版联合集团、河南出版集团、四川出版集团、河北出版集团、吉林出版集团），加上地方政府批准的及走内涵式发展道路的未纳入试点的出版集团，我国出版集团数量呈不断上升趋势。经过这些年的发展，我国出版产业取得了令人瞩目的成就，图书的品种规模已名列世界出版大国的前茅，行业的经济规模也有了显著的提高，出版集团已经成为我国文化产业中的一支骨干力量。

我国于 2001 年年底正式加入世贸组织（WTO），出版物零售、批发等分销服务逐步开放，国内外各种资本进入出版物分销服务的限制逐渐取消，分销领域的竞争更加激烈。开放虽然尚未触及出版业的核心业务（即编辑、出版业务），但不可避免将对我国现行的出版管理体制和运行机制形成冲击。而根据 WTO 协议中“无歧视待遇原则”，加入 WTO 后外国出版企业迟早会获得与本国出版企业同等发展机会。我国在争夺出版资源和人才、抢占出版市场、分割出版利润方面实力要明显逊人一筹，通过组建集团迅速壮大实力，实现规模经营，提高国际竞争力，迎接国外资本挑战是当时公认应对 WTO 的现实选择。

由事业单位转制为企业单位是出版机构改革的一项重要内容。出版机构是文化领域的重要组成部分，从前将出版机构定为事业单位属性的原因主要是过于夸大了出版业的道德教化和国家意识形态功能，而不重视其市场属性和经济功能。按照传统观念，出版业是一国文化传播的主要载体，出版物所承载的精神文化内容，具有鲜明的意识形态属性，忽视出版业有可能导致一国主流意识形态被淡化的危险，出版业的经济属性地位远非其文化属性可比。毫无疑问，将出版实体完全定位于国有公立机构或事业单位，不利于我国出版业在市场经济下的发展。[①]

2003 年始，我国出版集团内部改革呈现新特点，有 7 家试点出版集团和 6 家试点发行集团被确定为文化体制改革试点单位。出版集团和发行集团开始分开经营，借以推动对集团的股份制改造。出版集团开始企业化转制，由事业集团向企业集团转制。2005 年，新闻出版总署进一步明确了出版发行体制改革的总思路，出台政策，重点攻坚，先后组建了 23 个出版企业集团公司，180 多家图书出版社、上千种经营性报刊成为新的市场主体，30 个省级新华书店系统完成了转企改制[②]。全国性民营连锁经营企业已达 8 家，民营发行网点达 10 万个。以公有制为主体，多种所有制经济共同发展

---

① 参见唐溯《裂变时代——中国出版资本市场发展攻略》，长沙：湖南人民出版社，2012 年，第 70 页。

② 杜大力：《中国科技期刊改革开放 30 年》，《编辑学报》2009 年第 2 期。

的出版产业格局初步形成。到 2009 年年底，在 580 家出版社中，除人民出版社、盲文出版社、民族出版社、中国藏学出版社和军队所属的出版社仍然保留事业单位体制外，其他绝大多数出版社已经完成转企改制，成为出版企业单位。除了这 580 家图书出版社外，还有数量众多的民营出版机构，这也是图书出版企业的组成部分。但是这些民营出版机构并没有纳入统计的范围之内，经营情况缺乏准确的数据。

2010 年是中国出版业发展史上一个新的纪元年，政府主导的文化体制改革向纵深发展，一场深刻且影响深远的巨大变革在我国出版发行领域全面展开，所有被列为转企改制单位的出版社、出版集团、文化事业单位在这一年内全面转企改制，已经成立的出版集团经过公司制、股份制改造，区域内的兼并与内部整合，以整体转企的方式实现了由事业出版集团转制成企业出版集团。随着我国出版业全面转企改制的展开，出版集团新一轮的内部改革、集团之间的大兼并序幕拉开，出版集团之间的竞争将更加激烈，这次全面的转企改制给中国出版业带来巨大的变化，并产生深远的影响。

2011 年 12 月 28 日，中国出版传媒股份有限公司成立。集团公司现在拥有商务印书馆、中华书局、生活·读书·新知三联书店、人民文学出版社、人民音乐出版社、人民美术出版社、新华书店总店、中国图书进出口(集团)总公司、中国对外翻译有限公司等 40 家中国历史悠久、著名的出版机构。拥有各级子公司、控股公司等法人企业 98 家。每年出版图书 1.8 万余种，在全国图书零售市场占有率为 7.5%左右，连续 15 年位居全国第一；出版期刊报纸 58

种；每年音像、电子、网络等出版物 2 000 余种。每年实现版权贸易 1 000 多种；进出口各类出版物 20 多万种，书报刊进口和出口分别占据全国市场份额的 62%和 30%。拥有海外出版社、连锁书店和办事机构 29 家，海外业务遍及 130 多个国家和地区。[①] 中国出版集团保持稳中求进，呈现良好的增长势头。初步财务季报显示，2017 年集团总资产约为 210.3 亿元，增幅 14.80%；净资产 124.1 亿元，增幅 22.85%；营业收入 119.0 亿元，增幅 16.29%；利润总额 9.1 亿元，增幅 13.67%。[②] 中国出版集团提出努力打造主流出版型、融合发展型、国际传播型“三型集团”。并且已于 2017 年成功 IPO 上市。

在出版主业方面，2017 年，中国出版集团再次发挥出版领军作用，8 项指标位居全国第一，内容创新能力显著提升。《抗日战争》荣获第 14 届“五个一工程”奖，《辞源》（第三版）等 31 种图书荣获第 4 届中国出版政府奖，《生死关头》等 6 种图书入选 2016 年度“中国好书”，《幸存者》等 11 种图书入选中宣部、总局“2017 年重点主题出版物选题”，7 种图书入选总局向全国青少年推荐优秀出版物，6 种图书入选总局向全国老年人推荐优秀出版物，97 种图书入选总局农家书屋重点图书推荐目录，以领先第二名 2 倍多的优势保持全国图书零售市场占有率第一。

中国出版集团数字出版全面增速，新兴功能日益展现。2017

---

① 《中国出版集团公司概况》，中国出版集团公司，http：//www.cnpubg.com/overview/。
② 田红媛：《坚持“一个统领”打造“三型集团”》，http：//www.cnpubg.com/news/2018/0123/37964.shtml。

年数字业务收入17.2亿元，同比增长35%，占集团总收入的14%。集团数字化工作联席会机制有效运行，国家级融合发展重点实验室进展顺利，综合运营平台完成一期建设，数字资源总库集聚量近20万种，在线运营2.5万种；数字版权签约率达65%。中译语通、中华经典古籍库、商务工具书数据库、三联中读等重点平台成效初显。中国出版集团加强国际传播创新，以出版“走出去”服务大局，《习近平讲故事》版权输出克罗地亚、古巴、土耳其，30种图书在北京“一带一路”国际合作高峰论坛集中展示。中译社、大百科社在美国、德国、西班牙、匈牙利等国设立10个国际编辑部，推出一批中国主题图书。[①]

截至2016年年底，全国共有经国务院新闻出版行政管理部门或省级新闻出版行政管理部门批准的出版传媒集团126家，其中图书出版集团40家、报刊出版集团47家、发行集团27家、印刷集团12家。共有16家集团资产总额超过百亿元，其中江苏凤凰出版传媒集团有限公司、江西省出版集团公司、湖南出版投资控股集团有限公司、浙江出版联合集团有限公司、安徽出版集团有限责任公司和安徽新华发行（集团）控股有限公司6家集团资产总额、主营业务收入和所有者权益均超过100亿元，组成“三百亿”集团阵营。

21世纪以来民营出版企业也获得了长足发展。民营资本进入新闻出版业，是一个比较复杂而敏感的问题。根据政策规定，在出

---

① 田红媛：《坚持“一个统领”打造“三型集团”》，http：//www.cnpubg.com/news/2018/0123/37964.shtml。

版业编印发三个环节中，印刷业较早向民营资本放开，促进了我国印刷业的迅猛发展。2001 年，中国加入世界贸易组织前，发行业逐步向民营资本放开。现在我国有些民营发行企业规模巨大，管理规范，效益显著；网络发行中民营企业占据主导地位，技术先进。

20 世纪 70 年代末，为解决城市待业青年和刑满释放人员就业批准开设书摊书点。80 年代中后期诞生了一批有文化追求的人文书店。90 年代，民营书业异常活跃，不乏泥沙俱下的盗版盗印活动。进入 21 世纪，民营书业一系列品牌机构出现，为繁荣出版物市场作出重要贡献。

据粗略统计，目前中国民营书业有 10 万家零售机构，数万家民营策划机构。民营书业创造的销售额占全国一般图书市场的 50%，解决了书业及关联服务产业约 100 万人的就业问题。事实上，民营书业的存在是书业流通领域变革的结果，反过来，它又促进了分销领域变革的加速，分销格局的初步成形；它还激活了中国书业的传统体制，推进了中国书业的整体改革，繁荣了国内图书市场，在国民阅读的推动方面扮演重要角色；同时，民营书业不但在持续改良和创新传统书店，还在一些开放的领域领跑书业，如电子商务、俱乐部、产业服务等，增进了产业活力，扩大了产业边界。

第二章　媒介融合语境下我国数字出版产业的发展现状及瓶颈

近年来，随着互联网技术、数字技术等的飞速发展，我国的数字出版产业迅速崛起，出版业的产品生产、传播渠道、融资方式、经营管理等都经历着重大的转型和变革。数字出版凭借其可随时随地阅读的便捷性、存储量巨大、内容检索十分方便、成本比较低廉等优势不断占领国内图书市场，已成为“新闻出版业的战略性新兴产业和出版业发展的主要方向，也是国民经济和社会信息化的重要组成部分”。①

我国的数字出版呈快速发展态势，但从规模和影响力等角度来看，数字出版业仍处于初级阶段，在迅速崛起的同时也面临着许

---

① 《数字出版“十二五”时期发展规划》，http：//www.chinaxwcb.com/2011-04/27/content_220643.htm。

多亟待解决的问题，值得深入探究。本章主要就数字出版业兴起的媒介融合背景、国家相关政策支持及我国数字产业的发展规模、国内数字出版内容平台建设情况、数字出版产业目前面临的主要问题等几个方面作了剖析。

一、数字出版业兴起的媒介融合背景

出版业与计算机技术、通信技术、网络技术等高新技术相结合，使得数字出版这种新兴的出版业态得以面世并走向繁荣，“其主要特征为内容生产数字化、管理过程数字化、产品形态数字化和传播渠道网络化”①。数字出版的产生发展与“媒介融合”（又称媒体融合）密切相关。一般认为，“媒介融合”（Media Convergence）这一概念产生于20世纪80年代的美国，简言之就是把那些原来属于不同类型的媒介结合在一起。美国马萨诸塞州理工大学的浦尔教授认为，这主要是指各种媒介呈现出多功能一体化的趋势。这种关于媒介融合的想象更多地集中于将电视、报刊等传统媒介融合在一起，通过先进的技术手段，把音频、视频、印刷等各种类型的媒体融合起来，使得人们的生活更加方便和快捷。当今媒介融合的主要推动力是数字技术的迅猛发展。

21世纪以来，随着数字技术日新月异的发展，尤其是近几年

① 《数字出版“十二五”时期发展规划》，http：//www.chinaxwcb.com/2011-04/27/content_220643.htm。

"移动互联网"时代的来临,新媒体与传统媒体之间的差异渐趋淡化,多种媒体形态共生共存、相互交融,传媒产业进入媒介融合时代。美国新闻学会媒介研究中心主任 Andrew Nachison 将"融合媒介"上升到"文化联盟"的高度,将其定义为"印刷的、音频的、视频的、互动性数字媒体组织之间的战略的、操作的、文化的联盟",强调各种媒介之间的合作和联盟。此后,已有学者进一步指出:"'任何人'在'任何地点'和'任何时候'获取'任何想要的东西',这是所有媒介在数字化时代发展的内在驱动力和终极目标,由此带来了传统媒体和新媒体、传统传媒产业和其他产业之间的交融,形成了融合化的'大媒介'产业形态"。①

受众群体的不断扩大,是媒介融合发展的重要推动力量,也是数字出版繁荣的基础。近年来我国网民,尤其是手机网民数量剧增,据中国互联网络信息中心(CNNIC)报告数据显示,截至 2013 年 12 月,中国网民规模达 6.18 亿,手机网民规模达 5 亿②;截至 2014 年 12 月,中国网民规模达 6.49 亿,其中手机网民达 5.57 亿,较 2013 年底增加 5 672 万人,网民中使用手机上网人群占比由 2013 年的 81.0%提升至 85.8%③。2018 年 1 月,中国互联网络信息中心(CNNIC)发布的第 41 次《中国互联网络发展状况统计报告》显示,我国的网民规模已达 7.72 亿,手机网民数量达 7.53 亿,

---

① 欧阳志荣:《媒介融合时代的传统出版业:焦虑与应对》,《出版科学》2011 年第 4 期,第 56 页。

② 《CNNIC 第 33 次调查报告:网民规模》,http://tech.sina.com.cn/i/2014-01-16/10499101841.shtml。

③ 《CNNIC 第 35 次中国互联网络发展统计报告摘要》,http://it.sohu.com/20150203/n408390403.shtml。

占比高达 97.5%。移动互联网与线下经济的联系也越来越紧密。艾瑞咨询发布的《2018 中国移动阅读白皮书》则勾勒了移动阅读用户群像特征以及整体使用情况。报告显示，2017 年中国移动阅读市场规模稳步上升达 132.2 亿元人民币，同比增长 32.1%。读者年轻男性居多，读者年轻化，本科占比超六成，男生最爱武侠仙侠，女生最爱古代言情。侠义的移动阅读行业用户（阅读内容类型仅包含网络文学与出版物的电子版）规模达 3.4 亿。①

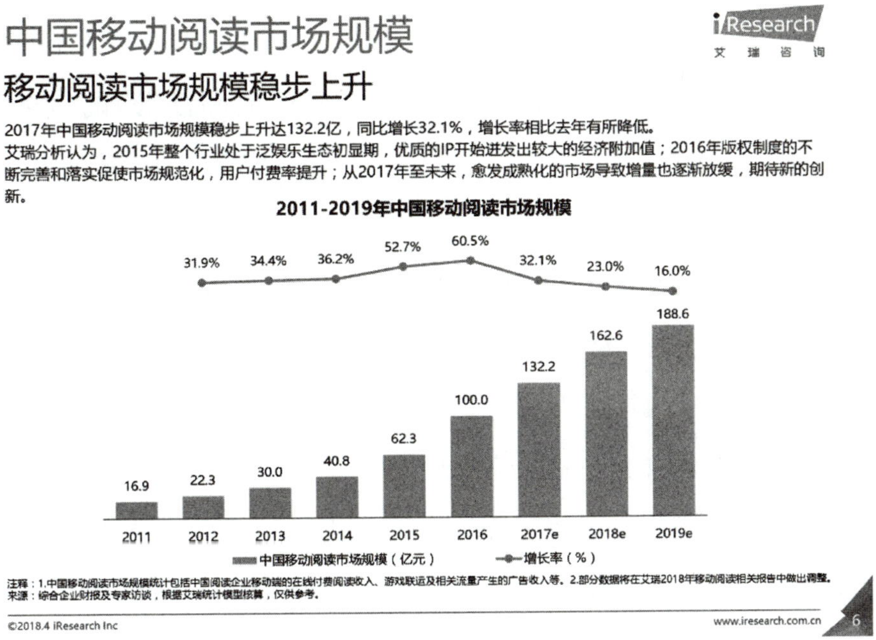

图 2-1　2011—2019 年中国移动阅读市场规模②

资料来源：艾瑞咨询：《2018 年中国移动阅读白皮书》。

---

①② 艾瑞咨询：《2018 年中国移动阅读白皮书》，http://book.163.com/16/0505/23/BMBDO311009244E6.html。

与新兴产业方兴未艾相比，在互联网，特别是移动互联网高速发展和媒介融合背景下，传统的图书期刊出版业受到了冲击与挑战，一度下滑严重。不过近两年在与数字阅读相互影响促进之下，纸质图书阅读有所上升，而纸质报刊类阅读率依然在大幅下降。2018 年 4 月，中国新闻出版研究院发布的《第十四次全国国民阅读调查报告》显示，2017 年我国成年国民包括书报刊和数字出版物在内的各种媒介的综合阅读率为 80.3%，较 2016 年的 79.9%有所提升。2017 年我国成年国民人均纸质图书阅读量为 4.66 本，图书阅读率为 59.1%，较 2016 年的 58.8%上升了 0.3%。数字化阅读方式（网络在线阅读、手机阅读、电子阅读器阅读等）的接触率为 73.0%，较 2016 年的 68.2%上升了 4.8%，成年国民各媒介综合阅读率与数字化阅读方式的接触率保持增长势头。手机和互联网已经成为我国成年国民每天接触媒介的主体，我国成年国民人均每天手机接触时长为 80.43 分钟，比 2016 年的 74.40 分钟增加了 6.03 分钟；人均每天互联网接触时长为 60.70 分钟，比 2016 年的 57.22 分钟增加了 3.48 分钟。①

数字出版作为一种新业态，其表现出的巨大潜力和发展势头引人瞩目。2010 年第二季度，著名网络经销商亚马逊的电子书销量第一次超过了精装的纸质图书，这被认为预示着大众数字化内容消费渐渐走向兴盛。而国内一批批实体书店相继关门，也折射出传统出版业受到的冲击。在媒介融合的语境下，受众可以通过

① 《第十五次全国国民阅读调查报告发布》，https：//www.quantbank.com/life/20180418/QL00048546.html。

各种传播渠道获得大量信息、资源,使文化产品的传播手段表现出极大的丰富性。人们越来越认识到,新媒体与传统媒体并不是互斥的关系,而是日益显现出互相借鉴、融合发展的态势。在网络时代,只有积极探索经营模式的转变,在产业转型的过程中找准自己的定位和特色,依托数字信息化和服务,积极探索新的发展路径和营利模式,传统出版企业才能获得更好的生存发展空间。

二、相关政策支持及目前数字出版产业发展概况

(一) 国家相关政策支持

近年来,为了推动我国数字出版产业的快速发展,国家相关部门陆续颁布了一系列鼓励性的政策,如《国家"十二五"时期文化改革发展规划纲要》《关于加快我国数字出版产业发展的若干意见》《关于发展电纸书产业的若干意见》《数字出版"十二五"时期发展规划》等,运行顺利,并取得了显著效果。而 2016 年发布的《中华人民共和国国民经济和社会发展第十三个五年规划纲要》更是明确提出"加快发展网络视听、移动多媒体、数字出版、动漫游戏等新兴产业",这是"数字出版"首次被列入国家五年规划纲要。[①] 政策

① 王强:《新闻出版业数字出版"十三五"时期规划要点》,http://cips.chinapublish.com.cn/chinapublish/rdjj/2016szcb/zlttp/201607/t20160719_174888.html。

带动着产业变革，科技与出版融合加深，数字出版行业政府投入加大、行业政策环境日趋良好。

继2013年推出首批70家传统出版数字化转型示范单位后，国家有关部门大力推进传统新闻出版单位的数字化转型升级。2014年8月，中央全面深化改革领导小组第四次会议审议通过了《关于推动传统媒体和新兴媒体融合发展的指导意见》，对新形势下如何推动媒体融合发展提出明确要求，作出了具体部署。2015年，国家先后出台了《关于积极推进“互联网+”行动的指导意见》《关于促进大数据发展的行动纲要》等，对“互联网+”、大数据技术如何应用于文化产业也有相应部署。新闻出版业在转型升级、融合发展方面取得了进一步突破。2015年4月，国家新闻出版广电总局与财政部联合发布《关于推动传统出版和新兴出版融合发展的指导意见》，对新闻出版业融合发展提出明确路径和发展要求。同时，国家新闻出版广电总局于2015年7月公布了第二批100家转型示范单位名单，至此传统出版数字化转型示范单位总计已达170家。

政策带动着产业变革，科技与出版融合加深，推动着数字出版产业的发展。为落实《国家“十二五”时期文化改革发展规划纲要》，深入实施科技带动战略，推进文化科技创新，科技部会同中宣部、财政部、文化部、广电总局、新闻出版总署于2012年8月印发了《国家文化科技创新工程纲要》，指出我国文化科技发展将以“创新引领、促进融合；市场牵引、应用驱动；技术集成、模式创新；整合资源、统筹兼顾”为基本原则，全面提升文化科技创新能力，转变文化产业发展方式。同时，进一步提出未来文化科技改革的总体目标和主要任务，对我国文化科技发展的工作机制、扶持政策、人才培养等方面进行了全面规划。党的十八大报告也强调了科技与文化融合的重要性，指出要“增强文化整体实力和竞争力，促进文化和科技融合，发展新型文化业态，提高文化产业规模化、集约化、专业化水平”①。党的十八届五中全会公报则强调要实施网络强国战略，实施“互联网＋”行动计划，发展分享经济，实施国家大数据战略。② 在党和政府的统一部署及推动下，文化产业改革进一步深化，产业融合不断加深，科技在出版行业发挥的作用日益显现。我国数字出版的整体环境得到了优化和改善，政府投入加大，行业政策日趋良好。文化产业占我国 GDP 的比重不断提升。

近几年国家更大力提倡“全民阅读”活动，致力于提升全体国民的素质以及社会文明程度，这对数字发展也有促进作用。2016 年 12 月颁布的《全民阅读“十三五”时期发展规划》提出了 10 项主要任务，即举办重大全民阅读活动，加强优质阅读内容供给，大力促进少年儿童阅读，保障困难群体、特殊群体的基本阅读需求，推动全民阅读深入基层、深入群众，完善全民阅读基础设施和服务体系，提高数字化阅读的质量和水平，组织引导社会各方力量共同参与，加强全民阅读宣传推广，加强

① 郝振省主编：《2012—2013 中国数字出版产业年度报告》，北京：中国书籍出版社，2013 年，第 7 页。

② 《中国共产党第十八届中央委员会第五次全体会议公报》，新华网，http：//news.xinhuanet.com/politics/2015－10/29/c_1116983078.htm。

组织领导和统筹实施；还根据这 10 个方面的主要任务列出了 10 个专栏，确定了 28 个全民阅读重点工程和项目，并带动各地各部门再实施一大批子工程、子项目，进而有力带动全民阅读的各项重点工作。①

随着数字内容市场的不断规范与成熟，依靠大数据分析系统，移动阅读产业可将更符合用户需求的优质内容传输到读者手中，使国家倡导“全民阅读”的目标更有操作性。

（二）数字出版产业发展概况

21 世纪以来，我国数字出版产业呈现飞速增长的势头。相关资料显示，2006 年，我国数字出版产业总收入达 213 亿元，2007 年增长到 362.42 亿，2008 年的总收入达 556.56 亿元。2009 年，数字出版总收入已达 799.4 亿元，比上年增长了 50.6%，2010 年达 1 051.79 亿元。2011 年是实施《新闻出版业“十二五”时期发展规划》的开局之年，全国数字出版营业收入达 1 377.88 亿元，同比增长了 31%，位居新闻出版行业第三。而 2014 年我国数字出版产业收入达 3 387.7 亿元，比 2013 年增长 33.36%，数字出版产业收入在新闻出版产业收入的总比由 2013 年的 13.9%提升至 17.1%。

据中国新闻出版研究院发布的《2016—2017 中国数字出版产业年度报告》的统计数字，2016 年我国数字出版产业总收入

① 王志艳：《〈全民阅读“十三五”时期发展规划〉发布》，http://news.xinhuanet.com/politics/2016-12/27/c_129421928.htm。

5 720.85 亿元，比 2015 年增长 29.9%。其中：互联网期刊收入 17.5 亿元，电子书收入 52 亿元，数字报纸（不含手机报）收入 9 亿元，博客类应用收入 45.3 亿元。在线音乐收入 61 亿元，网络动漫收入 155 亿元，移动出版收入 1 399.5 亿元，网络游戏收入 827.85 亿元，在线教育收入 251 亿元，互联网广告收入 2 902.7 亿元。网络广告收入占数字出版收入的 50.7%，移动出版收入占数字出版收入的 24.46%，网络游戏占数字出版收入的 14.47%，网络广告在 2006 年至 2016 年的 11 年间连续大幅度增长，表现出强劲的发展势头。虽然网络游戏在全年总收入占比有所下降，但依然是构成数字出版产业收入的主力军。休闲、娱乐类产品在数字出版产品形态中占据了相当比重。2016 年互联网期刊、电子图书、数字报纸的总收入为 78.5 亿元，在数字出版总收入中所占比例为 1.37%，相较于 2015 年的 1.69%和 2014 年的 2.06%，继续处于下降阶段。[①] 这说明传统出版单位在数字化转型升级、融合发展方面仍需要加大力度。而专业出版单位在专业知识服务模式探索方面卓有成效，已形成了特色资源数据库、专业领域在线教育、专业数字化工具书等多个产品形态。

网络游戏和移动出版仍是数字出版产业收入大幅增长的主要推动力量，可见我国的数字出版产业虽然发展很快，但呈现低层次繁荣的情况，娱乐化产品所占比率过大；与传统出版业密切相关的领域，如互联网期刊与电子图书，在数字出版总收入的比重微乎其

① 《〈2016—2017 中国数字出版产业年度报告〉在京发布》，http://www.gapp.gov.cn/sapprft/govpublic/6954/339730.shtml。

微。这表明单纯地将纸质出版物数字化，不能取得好的效果，缺乏原创内容，也难以在市场中立足，数字出版的创新能力依然不足。

表 2-1 我国 2011—2016 年数字出版产业各项收入比较 单位：亿元

出版产业 年份	互联网期刊	电子书	数字报纸	博客	在线音乐	手机（移动）出版	网络游戏	网络动漫	互联网广告	总收入
2011	9.34	16.5	12	24	3.8	367.3	428.5	3.5	512.9	1 377.88
2012	10.83	31	15.9	40	18.2	486.6	569.6	10.36	753.1	1 935.49
2013	12.15	38	11.6	15	43.6	579.6	718.4	22	1 100	2 540.35
2014	14.3	45	10.5	33.2	52.4	784.9	869.4	38	1 540	3 387.7
2015	15.85	49	9.6	11.8	55	1 055.9	888.8	44.2	2 093.7	4 403.85
2016	17.5	52	9	45.3	61	1 399.5	827.85	155	2 902.7	5 720.85

资料来源：笔者根据相关资料自制。

三、我国数字出版内容平台的发展现状

当前我国的数字出版不仅表现为产业规模扩大、收入增加，并且有更多跨行业的制作单位、渠道提供商融入数字出版产业之中，形成了数字出版跨行业发展的态势。数字出版内容平台是以分销投送数字出版内容为主营或兼营业务的网站、客户端，以及其他数字出版内容交易渠道和数字阅读服务体系等网络出版的主要传播载体。数字出版内容平台是聚合、投送优质数字出版内容的重要

枢纽；是贯通内容提供者与消费市场的重要节点；是数字化时代新闻出版企业为读者提供优质、便捷服务的重要渠道。[①] 鉴于数字出版内容平台在整个数字出版产业链中的重要地位，一些实力较强的企业纷纷涉足其中。目前国内数字出版内容平台的几种主要类型和发展状况大致如下：

（一）传统出版单位在数字化实践中所建平台

传统出版企业在内容方面有其长处，面对新媒体的冲击也在积极进行数字化转型。如中国出版集团计划在“十二五”期间，完成“中国出版集团公司数字出版资源总库”的基础性工程建设，并推广集成式按需印刷系统和中国数字出版网（大佳网）的建设与运营。大佳网已在 2011 年 5 月上线，拟建设成为中国数字出版第一门户，聚合全国优质出版资源，打造面向全生产链的数字出版服务、行业决策信息支撑、全形态数字出版产品推送平台，以及重要的电子商务平台、多元化个性化的互动出版社区。2014 年 5 月，中国出版集团公司与中国移动集团公司签署战略合作协议，双方将在数字阅读内容形态创新、模式探索、运营推广等领域深入合作，推动数字阅读产业的发展。2015 年，中国出版集团数字化收入达 8.77 亿元，同比增长 30.74%。2017 年数字业务收入达 17.2 亿元，同比增长 35%，占集团总收入的 14%。又如，时代传媒的全资

① 《新闻出版广电总局关于加强数字出版内容投送平台建设和管理的指导意见》，http://govinfonew.nlc.gov.cn/gtfz/govShow2014-05-5099532-TC0000000005.htm。

子公司时代新媒体出版社，开展了从电子书包、有线节目、手机动漫，到与运营商结合推广手机阅读等移动增值业务。

长江出版传媒则创建了阅读门户网站“现在网”（www.cnxianzai.com），以网络原创和在线教育为特色。“现在网”主要分为7个子频道，即现在新闻网、现在网读书、现在网故事网、现在网教育、现在网论坛、现在网原创、现在进行时。现在网原创频道举办的“长江杯网络小说大赛”产生了较大影响。而凤凰出版传媒集团正积极进入云出版、大数据出版领域。

（二）互联网出版内容提供商建设的内容平台

中文在线是国内较早涉足数字出版行业的企业，且积极与通信运营商合作，2008年成为中国移动手机阅读基地的运营合作伙伴，共同建设亚洲最大的手机阅读平台。中文在线已于2015年1月正式挂牌上市，成为国内数字出版第一股。其通过“产品线”，以项目制方式开展IP运作，通过“聚合众创”实现网络文学零门槛商业化创作。① 百度书城系百度推出的无线阅读品牌，号称致力于为作者提供国内最好的稿酬福利待遇，并将为读者提供最多的阅读优惠福利，各种丰富的限时免费看书活动、包月活动、返券活动、专题活动等。② 数字出版并非完全有赖于传统的出版资源，传统的出版内容资源只是它海量内容的一部分，网络内容提供商起着越来

---

① 魏玉山：《2015—2016中国数字出版产业年度报告》，http：//www.bkpcn.com/Web/ArticleShow.aspx? artid=124749&cateid=A1801。

② 《百度书城手机应用低调上线》，http：//tech. sina. com. cn/s/2014 - 05 - 12/14349373760.shtml。

越重要的作用。

又如掌阅科技公司开发的移动阅读 APP——掌阅 iReader，这几年连续成为用户渗透率最高的移动阅读 APP。截至 2015 年 12 月底，掌阅科技公司已拥有数字内容 50 余万册，类型覆盖图书、杂志、漫画、听书等各个品类。① iReader 依托于旗下强大的听书产品，在其功能中加入了语音朗读版块。在阅读之余，读者也可以通过听书来获取精神享受。除了运用移动端阅读，受众也可以通过个人电脑来阅读掌阅书城的书籍。掌阅在版权方面的优势也是比较明显的，经过多年的努力，掌阅科技实现了由技术型企业向版权运行和发行商角色的转变。据媒体报道，北京掌阅科技有限公司的总裁张凌云表示，“将在 3 年时间内投入 10 亿元采购版权，将掌阅科技打造成具有世界级竞争力的移动阅读平台”②。

（三）通信运营商涉足数字出版内容平台

为积极推进手机阅读产业，2008 年年底，中国移动公司在浙江开启了手机阅读基地建设，2010 年 5 月进入全国商用；2013 年 12 月，中国移动发布 4G 商业品牌“和”，其手机阅读品牌由此变更。2014 年，中国移动正式推出了“和阅读”品牌。其网站日均点击量超过 6 亿次，合作伙伴飞速增至近 600 家，并且与互联网公司、终端厂商、APP 市场、第三方阅读网站等合作发行内容，计划投

---

① 《掌阅科技股份有限公司首次公开发行股票招股说明书（申报稿 2016 年 6 月 3 日报送）》，http：//data.eastmoney.com/notice/20160617/2Wvl2aY9ImIHt9.html。

② 《掌阅将在未来 3 年投入 10 亿元采购图书版权》，人民网，http：//culture.people.com.cn/n/2015/0306/c172318－26651493.html。

入2亿元进行WAP以及客户端产品推广。2015年4月，中国移动手机阅读基地正式挂牌转型成为咪咕数字传媒有限公司，2015年10月，“和阅读”正式更名为“咪咕阅读”。咪咕阅读平台已累计汇聚超过50万册的图书，涵盖出版图书、原创小说、杂志、听书等多种内容形态。2015年，咪咕数媒全网收入达56亿，累计培养了4.5亿用户的数字阅读习惯。[①] 中国电信建立了天翼阅读基地，推出了“天翼阅读”这一超大规模的数字阅读平台，截至2015年5月，图文阅读内容超过35万册，已有注册用户突破2.4亿，并且推出了有声版图书。中国联通也建立了手机阅读基地及运营中心。

(四) 电子商务企业涉足数字出版内容平台

亚马逊在电子书市场拥有如此大影响力的原因，主要是用户单次购买之后，就可以在各种平台的Kindle应用中阅读，既便利又经济。Kindle此前将较多精力用于内容资源建设，以占领市场，而现在影响力提升后，又致力于改善电子书排版问题等所谓“短板”。2014年，Kindle技术团队在亚马逊首次技术峰会上拿出132种电子书排版样式。国内著名的网上商城当当网、京东网等也推出电子书分销平台。“京东出版”运用大数据分析了京东图书销售数据与用户消费，并且与出版社合作出版自有品牌图书。当当网CEO李国庆介绍，2013年数字书销售下载量超过2 000万册，未来5年有望超过纸质书销量。当当网内部已重组架构，包括扩大

① 《咪咕数媒介绍》，http：//211.140.17.92：9091/migushumei/about.html。

电子书与当当阅读部门实力；与更多作者和出版机构结盟；适时推出网络原创的开放平台。[①] 该网发布的《2015当当中国图书消费报告》显示，2015年当当纸质书销售逼近5亿册，与此同时，2015年当当读书客户端的数字书下载量达到亿册，同比增长近50%。[②]

（五）一些独立的互联网数字出版内容平台

这类平台如中国知网等。中国知网数字出版平台是国家"十一五"重点出版工程，该平台提供学科专业数字图书馆和行业图书馆，个性化服务平台包括个人数字图书馆、机构数字图书馆、数字化学习平台等。中国知网还全面整合《中国知识资源总库》海量信息资源库及政府部门自有信息资源，推出"政府门户网站信息内容支持系统"，可运用于众多政府门户平台的建设，大数据及相关技术改变了治理创新的思维方式和模式，对政府门户网站的建设起到智力支撑作用。

四、媒介融合语境下数字出版产业面临的主要问题

出版社转企改制整体完成之后，机制创新提上议事日程，传统

① 《李国庆：当当网数字书销量未来5年将超纸质书》，http://tech.sina.com.cn/i/2014-07-16/13149497605.shtml。
② 《〈2015当当中国图书消费报告〉展现国人阅读江湖》，http://www.chuban.cc/yw/201601/t20160126_172159.html。

出版业的数字化转型也成为热门话题。尽管我国数字出版发展迅猛，但依然存在不少需要解决的问题，如数字出版的营利模式不清晰，有影响力的数字出版平台不多，数字出版优质内容缺乏，数字出版产业娱乐化产品所占的比重过大等。时任国家新闻出版广电总局副局长的孙寿山曾指出："发达国家的大型出版集团，数字出版已占其总收入的50%以上，而我国的传统出版单位目前做得最好的，数字出版收入只占到总收入的15%左右，距离到'十二五'期末我国数字出版总产出力争达到新闻出版产业总产出的25%这个目标，还存在相当的差距。"①2016年数字出版实现营业收入5 720.9亿元，较2015年增加1 317.0亿元，增长29.9%，占全行业营业收入的24.2%。

（一）相较国外同行，国内出版企业对内容的掌控力较薄弱

这主要表现为数字出版的内容资源远远不够，已有资源里适合数字终端呈现、带来收益的内容不多。我国的出版机构普遍规模不大，与国外大社相比成立时间也不算长，内容资源积淀较少，不少资源还没有作者的数字授权。大牌作者一般将数字版权由自身掌握，引进海外的图书则需要重新授权。一些拥有授权的作品多已到期，而未能及时补签相关协议。出版社缺乏规模实力，内容资源既不够丰富，且同质化现象很严重，原创的图书精品少，有思

---

① 《中国数字出版呈低层次繁荣 娱乐化产品占比大》，新华网，http://news.xinhuanet.com/book/2014-07/18/c_126768037.htm。

想深度的作品少。常常一见到有什么类型的畅销作品，马上跟风炮制，比如以前的“奶酪”系列、“隐私”系列等。同时，缺乏具有鲜明特色的优质资源，在与数字图书运营商谈判时自然处于劣势。

此外，国外行业巨头的快速成长与扩张，也给国内数字出版行业以极大压力。随着网络文学主流化步入快车道。中国作家协会于 2015 年年底成立中国作家协会网络文学委员会，上海、广东、浙江和江苏等 10 多个省市由作家协会牵头，陆续成立了网络作家协会、网络文学委员会等相关组织机构。委员会将充分发挥平台作用，整合各方资源，推动网络文学创作和评论的发展。

（二）科技和文化创新水平有待提升

时任国家新闻出版广电总局副局长孙寿山分析，“出版企业的先进技术转化能力普遍偏低，科技创新整体水平有待进一步提升，同时数字出版产业链各环节的壁垒尚未完全打破，传统出版单位的数字化转型呈现出较为明显的两极化状态，转型力度有待进一步加大。数字出版已有的商业模式往往同质化严重，缺乏创新性，成熟商业模式有待进一步探索”[①]。

业界对数字出版的认识还有待改进。谈及数字出版，往往给人们的印象就是将纸质的图书电子化、即“搬运文字”。但随着竞争加剧，不少传统出版企业开始在数字技术自主探索的道路行进，由内容提供商向信息服务商转变。如凤凰传媒深度发掘职教和早

① 《数字出版业有望再迎政策扶持 概念股望爆发》，http://finance.qq.com/a/20130710/003759.htm。

教的数字化呈现，中南传媒积极推出的电子书包项目。不过也有业界人士对这些新事物心存疑虑，认为与政策明确扶持和上下游产业布局相比，电子书包实际落地推广则缓慢得多。

一些出版集团的高层认为，数字化转型是个复杂而又庞大的工程，传统出版企业在人才、技术、资金等方面依然存在很大的缺口。数字化转型的风险比较大，且需要投入大量资金。在数字出版领域，技术占据了十分重要的地位，数字内容平台建设方面，通信公司和IT企业在技术上无疑具有天然的优势，出版企业与之竞争不占先机。此前曾出现过部分出版企业自建平台、却只能在企业内部运用，或成了电子版的“宣传册”，而无法在市场上推广的现象。可见，出版企业应该扬长避短，实行差异化竞争策略。开掘特色服务方面，出版单位积极开发与自身内容优势结合的数据库资源、开发在线教育平台等都是较好的途径。虚拟现实（VR）和增强现实（AR）技术，在新闻出版业也已进行了初步探索，特别是在科普、少儿图书出版领域，图书依托VR/AR技术，走出传统的纸张形态，丰富了读者的阅读体验。比如一本叫《梵高地图》的图书，明信片采用AR技术还原书中经典梵高画作，通过手机能观看立体效果。编辑们还到梵高故乡荷兰与梵高创作巅峰期留居的法国，用VR影像拍摄还原《梵高地图》书中内容，并制作虚拟现实纪录片随书发行。

（三）对数字化转型认识不足，缺乏清晰的商业模式

在新媒体的冲击下，传统图书出版业发展遭遇瓶颈，数字出版产业发展势头强劲。但从目前来看，很多图书出版单位对传统出

版数字化升级转型缺少紧迫感，在数字化过程中经常处于被动状态；长期以来为国家的保护性政策所庇佑，产品结构失衡，市场意识淡薄。一些出版社虽然也积极与技术商展开合作，但缺乏实施内容构建和市场布局的战略眼光及手段，成效不够理想。

图书的出版、发行，仍然是出版单位的主要营利模式。以三联书店为例，据介绍，该社掌握数字版权的书共有 2 500 种以上，但只有不足 200 种进行了数字出版的尝试，所占比例不到 10%。这和西方发达国家形成了极大反差。在欧美，很多出版社电子书的收入已经超过了纸质书。① 众多的出版社还未探索出适合互联网时代需求的数字产品，尚未开发出快捷有效的数字出版物销售渠道，相应地也就很难在数字出版领域中营利。

从目前来看，数字出版在短期内由于受众的阅读习惯、终端数量、消费者数量、防盗版技术等因素，对传统出版的替代性并不太明显，而且随着数字出版对传统出版的不断改造，两种不同的业态相互促进并在融合中共同发展，单一媒体所能获得的受众市场越来越小。传统出版机构应该充分吸收和采用先进技术，大力发展以内容生产网络化、传播数字化为主要特征的新媒体。进入媒介融合时代，优质的内容无疑仍是出版产业得以发展的决定性因素，但同时信息服务也值得重视。内容行业正逐渐被纳入更为宏观的信息服务传播，出版、传媒、教育、服务的行业界限正在被打破，数字出版业如何融入这一理念也应引起足够重视。近几年，以微信

---

① 李昕：《中国数字出版 未找到营利模式》，http://biz.xinmin.cn/2013/04/18/19801932.html。

为代表的移动互联网渠道越来越受到人们重视，打造了全新的营销模式。微信服务号的推出，带动出版业的微信营销进一步升级，从分享信息向沟通服务方向发展，同时微信的支付服务，有效培育了用户的手机付费习惯。传统出版在继续保持其内容优势的同时，应积极利用新媒介、新渠道、新模式进行数字化转型，推进与新媒介的融合发展。

（四）缺乏有特色的图书品牌，研发能力不足

品牌蕴涵着产品品质、内涵等核心理念，与市场细分和差异化竞争策略等密不可分。在多年的发展中，我国出版社形成了自己的专业分工，这种分工尽管主要是由行政指令造成的，但客观上为出版企业打造品牌提供了条件。如外研社在外语图书出版方面形成了自己的品牌特色，不仅有工具书、教材辅导、外语期刊等优势产品，还有文化服务性产品——对外汉语、文化传播等。21 世纪出版社则在少儿书刊、精品绘本、青春小说等出版方面成果斐然，策划和引进出版了一些系列性的精品少儿图书，如《噼里啪啦系列》《麻辣女孩》《冒险小虎队》《皮皮鲁总动员》等，都深为广大受众喜爱。非但如此，这类系列性的畅销书影响较大，进入畅销书排行榜后，往往能在相当长时期内占有一席之地。但大部分出版社还是确乏有特色的产品，出版社应加大品牌建设力度。

而考察一些原创文学网站上的网络文学、手机小说等，大量充斥着玄幻小说、灵异小说、言情小说、宫斗小说等类型，题材脱离现实，且低俗化、娱乐化现象严重，吸引了大量学历和文化层次较低

的读者。比如笔者 2017 年 3 月 6 日打开 QQ 阅读的“女生潜力新书榜”，排在前几位的作品是《顶级盛宠：男神索爱 100 天》《帝少 99 亿夺婚：盛宠，小新娘！》《枕上萌妻：老公，别靠近》《独家占有：穆先生，宠不停！》《豪门盛宠：霍少，请节制！》，从题目就可以看出。从题目就可以看出这些作品内容程式化非重严重，选题、结构和故事情节等大同小异，都是些虚幻缥缈不切实际的爱情故事，与现实生活相距甚远。同时，不少网络文学作品文字粗糙、逻辑混乱，缺乏文学价值。并且宣扬了不劳而获、男尊女卑、为达目的不择手段等不正确的价值观和思想意识；甚至含有色情和暴力内容。网络文学表面上的“繁荣”与实际的贫乏苍白不符，不能不让人担忧。

伴随着出版产业与数字技术、信息网络技术等的融合发展，数字出版的地位越来越重要，数字出版与传统出版齐头并进的发展格局将成为现实。国家新闻出版广电总局也在研究对参与数字出版与数字传播的企业采取分类管理的办法，在给予传统出版单位数字出版资质的同时，也鼓励民营数字技术企业发展，使更多的民营企业参与到传统出版单位的数字化转型中来，助力图书品牌建设。加大优质内容产品供给力度。“以网络文学领域为例，当前网络文学产量日益繁盛，涌现了不少精品佳作，同时也要看到，同质化、低俗化等问题普遍存在。”①时任国家新闻出版广电总局副局长的孙寿山强调，作为行政管理部门，将始终坚持线上线下，传统出版与新兴出版同一原则、同一要求、同一标准、同一底线。

---

① 陈香：《“十三五”数字出版产业重点布局五个方面》，《中华读书报》2016 年 7 月 27 日。

（五）数字出版人才匮乏问题

我国的数字出版在技术上已做好了大规模发展的准备，但发展现状还是不容乐观的，其中一个重要问题是，数字出版人才不能很好地满足数字出版发展的需要。数字出版的核心竞争力是技术创新能力和管理能力，而提升技术创新能力和管理能力关键要靠人才。传统出版机构的核心业务主要集中在选题策划与组稿、编辑等流程方面，对于技术方面的工作并不是太重视，而数字化转型过程对人才的素养提出了更高的要求：不仅要掌握出版、编辑方面的理论知识，还要掌握数字化的出版编辑技术，同时需要懂得利用网络策划产品和推广营销。对传统出版流程重组及经营管理都比较精通的人才的缺乏，极大地阻碍了数字出版产业的发展。数字出版产品研发、营销、管理人才的奇缺，也无疑更加剧了传统出版单位与新兴数字出版企业之间的竞争差距，严重束缚了数字出版的快速发展。尽管不少出版企业组建了数字化部门，但一些部门的人员主要是计算机专业出身的，在技术问题方面比较擅长，而对于内容的编辑、出版流程，市场变化与消费者需求的把握和对已有内容资源的精耕方面缺乏相关知识与经验，难以更好地提供技术服务。

数字出版横跨了 IT 和出版、教育、图书馆等多个行业，当前中国集掌握互联网技术和信息技术、熟悉出版业务联系、具备企业经营管理经验等于一身的数字出版行业领军人物很稀缺。高等院校目前的专业设置无法培养出适应数字出版需要的新型复合型人才，IT企业中的员工对出版领域又相对陌生，而要让传统出版单位的编辑快速掌握互联网和信息技术也有一定的难度，以至于现在传统出版单位的数字转型出现了很多问题。此外，出版人需要意识到品牌运营、资源整合的重要性，出版业需要与许多非出版的行业合作才会有很好的发展。同时出版人应有广阔的视野，拥有国际视野十分必要，有利于让其产品在互联网上面对全球用户。

“在产品形式上，数字出版不局限于传统纸介质，而是有多媒体课件、数据库等多种表现形态。在工作方式上，编辑的工作手段也在发生变化。过去，编辑都在纸上做编辑加工，现在是借助网络终端进行工作。”时任韬奋基金会副秘书长张增顺由此认为，数字时代对编辑的业务能力提出了新的要求。他谈到，数字出版编辑人才不仅要具有扎实的编辑功底，还要会运营出版资源。“数字出版直接影响编辑出版各个环节，这就要求编辑人才对生产、销售各环节都要熟悉”。他概括为，数字时代的人才培养要复合型，“既要懂出版，又要懂数字技术。既要懂专业，又要有学科背景，既要了解国内，又要学习国外，关门造车要不得。既要懂得生产，又要懂销售”①。

（六）数字标准和数字版权保护任重道远

在数字出版业加速发展的同时，也呈现质量参差不齐、市场无序竞争、企业跟风投入等问题，业内一直呼吁制定相应的标准。我

---

① 任晓宁：《中英数字出版：技术创造出版业新未来》，http：//www.chinaxwcb.com/2013-09/05/content_276445.htm。

国互联网的发展相对滞后，中文标准欠缺，目前文件格式的混乱就是一个典型例子。国际上较为通行的数字图书文件格式是PDF格式，国内却有着CEBX、EPUB、SEP等几种不同的文件格式。数字出版商们设计研发出自己的产品，往往格式不统一，因此用户还需安装不同的阅读器，给用户带来不便；图书的重复加工，使得成本急剧上升，也造成资源浪费，并且明显影响了读者购买的积极性。数字出版的标准化，将有助于数字出版链条上的参与各方实现利益均衡、分工合作，整体降低成本，提高读者的阅读体验和满意度。

我国与欧美国家相比版权意识本来就较弱，更基于数字技术对传统版权保护带来的冲击，以及思想认识存在偏差等问题，数字作品的版权不能得到充分保护，著作权人的权益常常受到损害。由于数字出版是以技术开发及版权增值为核心的产业，版权保护是影响其发展的核心问题。在美国，版权产业是其经济增长的主要动因和信息经济的驱动力，可以说，没有版权保护，就没有好莱坞的全球市场。过去我国不少作家觉得网上传播自己的作品，可以提高其知名度，维权意识不强。但由于网络收费阅读、数字出版的发展，传统出版业与作者之间对数字版权归属约定不明，网络侵权盗版更为猖獗，近年来作家的维权意识已有很大提高，围绕数字版权的诉讼案件数量大幅增长。据最高人民法院统计，2010年全国地方法院共受理著作权案件24 719件，比2009年增长61.54%，而多数是数字版权纠纷。比较典型的案件，有“中国文字著作权协会向谷歌数字图书馆维权”“400位学者状告超星盗版”“盛大文学诉百度侵权”“音著协诉百度歌词侵权”等。

标准化之所以不能实现，也与知识产权保护欠缺有关，出版和发行单位为了保护自身利益而采用了独特的技术标准。编辑出版学专家郝振省指出，“传统媒体反映突出的问题集中在转载付费过低、网络盗版猖獗、擅自扩大合理使用范围、维权成本过高、侵权赔偿过低等方面”①。此外，我国尽管有着数以亿计的网民群体，但是在互联网发展过程中人们往往习惯了免费资源的随手可得，版权保护意识和付费获取数字资源的观念是比较淡漠的，这也影响了数字出版业的健康发展。

从前因为复制技术不够发达，各种作品的复制品都受到相当程度的限制。20世纪末期迅猛发展的数字技术及网络技术，不仅使复制品可以与原物相当接近的面貌呈现出来，更能使任何人在自己选定的时间或地点进行低成本和无限次的复制，并将其传递给其他用户，或者上传至网络站点供人们自由下载，著作权人的权利受到前所未有的冲击和威胁。在数字版权保护方面，目前已经广泛地应用于互联网中的技术有数字水印技术、数字内容加密技术和基于数字水印与内容加密之上数字版权管理技术(Digital Rights Management，DRM)。目前，数字版权管理技术应用的版权保护方法主要有两类：一类是以数字水印技术为核心的DRM技术，另一类是以数据加密和防复制为核心的DRM技术。数字版权管理是一项新兴技术，国外很多计算机公司，如IBM公司，

① 左志红：《数字出版融合发展刚起步 四大难题待解决》，《中国新闻出版报》2015年1月22日。

Adobe 公司，都进行了 DRM 技术的开发。在国内，北大方正电子公司推出的 Apabi 电子图书解决方案，就是以 DRM 技术以核心的电子图书版权保护解决方案。①

数字版权保护是数字出版中最重要的技术基础，只有通过版权保护，数字出版物的作者和出版社才能获得相应的收益。以电子图书为例，电子图书销售网站从出版社得到电子图书的销售许可，读者可以通过网络支付购买电子图书，出版社也可以把电子图书通过销售渠道卖给图书馆，图书馆购买电子图书就像购买纸质书一样，按复本数购买，对读者提供借阅的服务。由方正集团自主开发的版式文件技术 CEB、数字版权保护技术 DRM、阿帕比电子图书整体解决方案等一系列原创核心技术，可以妥善地解决图书资源数字化、数字版权保护、E－book 安全分发和数量统计三大关键问题，可以说，从技术角度而言，中国数字出版已经万事俱备，只欠东风。②

①② 参见左文：《文化全球化视野下的中国数字出版业》，北京：清华大学出版社，2012 年，第 82—83、83 页。

第三章　我国数字教育出版的发展趋势与对策研究

近几年，随着互联网和信息技术的崛起，教育出版领域发生了巨大变化，数字教育出版成为一个全新的议题，为越来越多的出版从业者所重视。长期以来，教育出版以其拥有的内容资源优势、品牌优势和市场优势，在传统出版领域占有重要的地位，市场份额巨大。而在出版业的转型升级过程中，数字教育出版在数字出版领域同样是非常重要的组成部分。本章拟以传统教育出版业的数字化转型，以及如今热度很高的在线教育产业为主要研究对象，来梳理我国数字教育出版业的发展状况、存在的问题，并且提出相应的对策，以期为数字教育出版提供借鉴。

一般认为，现代出版业依据其产品内容及目标受众的不同，可分为专业出版、大众出版和教育出版等几个类型。教育出版是指与学习、教育及培训有关的出版。教育出版在利润和规模上都占据着我国出版业的主要位置。教育出版的数字化转型则是运用数字化技术手段，整合传统出版的关键资源，实行产业升级和再造，以构建数字教育出版的产业链和价值链。

一、我国数字教育出版的发展概况及社会环境

（一）近几年数字教育出版的繁荣发展

随着被纳入国家战略的“互联网＋”对教育领域的渗透，数字教育出版迎来了前所未有的发展机遇，其规模及用户数量都在迅速扩张。数字教育其实早已有之，如多年前的电视教育，以及一批著名网校等。随着多媒体、移动互联网的发展，近几年在线教育呈现蓬勃发展的局面。业界将2013年称为“在线教育元年”，2015年其迎来增长期，2016年则是教育投资转为成熟、优胜劣汰的开始。

数字教育出版大致可分为教材资料数字化和在线教育两大块内容。数字教育出版是教育、出版、互联网等多个热门领域构成的交叉领域，它既是传统教育出版业数字化转型的重要组成部分，也与我国教育信息化改革事业密切相关，同时更涵盖了由当下新兴的IT企业所推出的各类面向学习、教育及培训需要的相关产品和服务，内涵比较丰富。

2015年，“在线教育”这一项目首次被列入《中国数字出版产业

年度报告》的统计项中，当年收入规模为 180 亿元，市场呈现出巨大的潜力。而据艾瑞咨询的数据显示，2015 年我国数字教育市场规模达 1 192 亿元，预计 2018 年有望突破 2 046 亿元。2015 年数字教育市场用户规模为 7 227 万人，预计 2018 年用户规模达 1.3 亿人。[①] 2016 年中国在线教育市场规模达 1 560 亿元，同比增长速度为 27.3%；2016 年中国在线教育用户规模为 9 001 万人，同比增长 21.5%；未来几年，在线教育用户规模预计将保持 20%以上的速度继续增长。[②]

目前在中国提供在线服务的机构达到 2 000 多家。在线教育领域的参与者分为四类：一是互联网公司，其中包括百度、阿里、腾讯等大型互联网公司向教育方面的延伸与拓展。二是出版机构，主要包括出版社和民营出版机构等，主要针对 B2B(Business-to-Business)市场，推进了区域性教育平台的开发。三是教育装备及教育软件公司，其中包括原来做白板、电脑的公司，以及原来做软件开发和教育服务集成的公司。四是曾经风光一时的各种教育培训机构，如学而思、新东方、学大教育等。[③] 其中出版机构多是以内容提供商的身份出现在教育数字化生态系统中，未来将发挥着越来越重要的作用。

---

① 尹琨：《传统出版单位转型升级 联手攻克数字教育出版难题》，人民网，http://media.people.com.cn/n1/2016/0811/c40606-28629487.html。

② 《2016 年在线教育市场规模超 1 560 亿，中小学教育或成市场主体》，搜狐教育，http://learning.sohu.com/20170107/n478072542.shtml。

③ 参见张桂婷：《教育数字化拨开云雾一路前行》，吴波主编：《出版业如何迎接数字时代》，成都：西南财经大学出版社，2016 年，第 118—119 页。

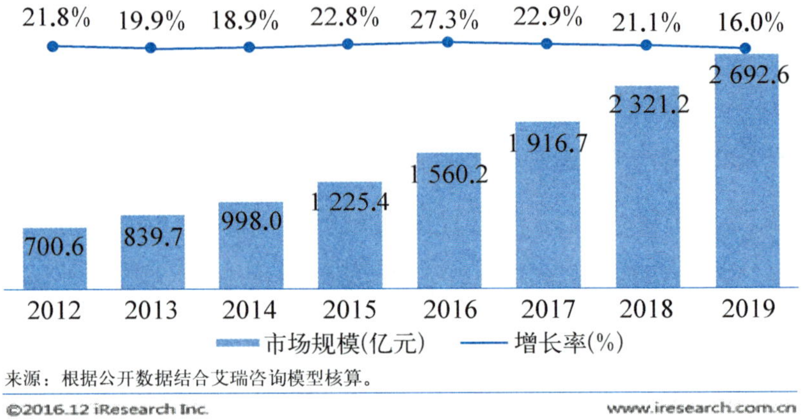

图 3-1　2012—2019 年中国在线教育市场规模①

资料来源：艾瑞咨询。

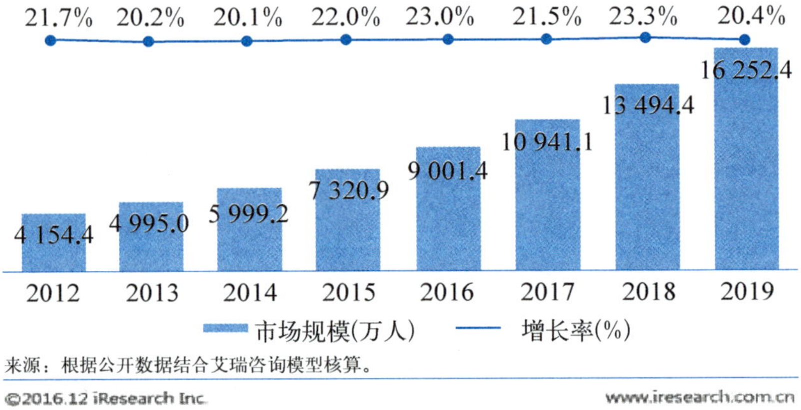

图 3-2　2012—2019 年中国在线教育用户规模②

资料来源：艾瑞咨询。

①② 《艾瑞咨询：2016 年在线教育市场规模超 1 560 亿》，中商情报网，http://www.askci.com/news/hlw/20170106/14043686623.shtml。

（二）数字教育出版的发展环境及相关政策

1. 数字教育出版的社会驱动力量

数字教育出版市场之所以能迅速扩大，主要社会背景是随着互联网技术和媒介融合的发展，学生和家长开始有了在线学习的理念、学习习惯及消费习惯，逐渐认可在线学习课程；在线支付手段的不断完善也为在线教育的发展带来便利。而移动互联网的发展，智能手机、PDA 等智能终端的普及，极大地便利了用户利用碎片化时间、随时随地进行学习。同时，在线教育在价格方面具有优势，在需要长期投入的中小学在线教育领域更具有较大优势。

就受众方面来看，教育作为不同年龄、不同阶层人士的普遍需求，基本上不会因外界因素而发生明显的波动，也即意味着数字教育出版有着巨大而稳定的市场。近年随着大数据、云计算、移动互联网、物联网、人工智能、虚拟现实（VR）、增强现实（AR）等新一代信息技术的不断涌现，教育信息化和出版数字化发展日新月异。数字教育出版从形式上来看，逐渐形成了数字教材、电子作业、在线课程、在线测评、在线学习平台等多元化的发展格局，并实现了学前教育、基础教育（K12）、高等教育、职业教育等全学段、全学科覆盖。①

在线教育的市场发展空间非常广阔，其对象涵盖了全体社会成员。在线教育所提供的课程和资源，不仅仅是学历教育、职业技

① 魏玉山：《2015—2016 中国数字出版产业年度报告》，《印刷杂志》2016 年第 8 期，第 8 页。

能等方面的，甚至可以是人们在社会生活中所需要的各种实用性知识，比如家居、瘦身、烘焙、时尚等各方面碎片化教育知识，这契合了“互联网＋”模式的内容碎片化特征。再加上互联网强大的搜索功能，在线教育能够为受教育者提供较为全面而精准的各种碎片化教育知识信息服务。

在线教育对传统纸质教材及相关传统的威胁是很明显的，但更为严峻的挑战来自在线教育的一些鲜明优点：在线教育突破时空限制，教与学不必面对面，知识获取方式更为灵活；碎片化学习，使学习活动具有了更大的随机性和自主性，学习活动更容易满足个性化需求；有海量内容可供选择，满足了不同人群的学习所需；教育资源的平等共享，学习门槛的降低，使教育权利最大程度地实现了去专属化、区域化，真正促进了平等享有教育权利的实现。因此，越来越多的人开始乐意尝试这种新型学习方式，可以说教育活动借助在线发展已经成为不可逆转的趋势。① 这些优势使得任何人在任何时间、地点，用任何方式学习成为现实，或许会颠覆传统的教学模式。

据美国斯隆联邦（SloanConsortium）针对美国在线教育连续 11 年的研究，美国高校在线教育发展态势稳定，在线课程注册学生持续增加，在线教育质量逐渐被教育主管部门认同，大多数院校将在线教育作为长期发展战略。时任美国总统奥巴马在 2014 年度发表的国情咨文中，着重强调发展在线教育。他表示未来两

---

① 参见尚春光：《在线教育与数字出版：阵痛与重生》，吴波主编：《出版业如何迎接数字时代》，成都：西南财经大学出版社，2016 年，第 112 页。

年将有 1.5 万所学校和 2 000 万学生可使用高速互联网完成在线教育。[①]

2. 数字教育出版的相关政策支持

2010 年，我国颁布了《国家中长期教育改革发展规划纲要》，2012 年教育部发布了《教育信息化十年发展规划（2011—2020 年）》，这使得各级公办学校的教育信息化速度明显加快。在这样的政策利好之下，从 2013 年开始，在线教育投资蓬勃兴起，尽管不少新兴机构的经营状况很不乐观，但是在线教育快速发展的趋势仍在继续。

2015 年 3 月，李克强总理首次提出“互联网＋”行动计划；7 月，国务院正式颁布《关于积极推进“互联网＋”行动的指导意见》，明确要求“探索新型教育服务供给方式”，它为教育的信息化建设以及“互联网＋教育”的发展指明了方向。“互联网＋”已涵盖了学习观念、教学内容、学习过程、教学评价及教育科学研究等各个层面。另外，英语培训、考研培训、公职培训等也基于“互联网＋教育”思维模式，不断开发出线上线下相结合的各种新模式。

2015 年 4 月 9 日，新闻出版广电总局，财政部联合印发《关于推动传统出版和新兴出版融合发展的指导意见》，其中明确指出，支持传统出版单位跨地区、跨行业、跨媒体、跨所有制兼并重

---

① 参见尚春光：《在线教育与数字出版：阵痛与重生》，吴波主编：《出版业如何迎接数字时代》，成都：西南财经大学出版社，2016 年，第 111—112 页。

组，建设若干家具有强大实力和传播力公信力影响力的新型出版传媒集团。[①] “互联网＋出版”是其中的重点推进内容，《意见》提出，加快发展移动阅读、在线教育、知识服务、按需印刷、电子商务等新业态。[②]

2015年4月，教育部在《关于加强高等学校在线开放课题建设应用与管理的意见》中指出，我国要鼓励建设一批以大规模在线开放课程为代表，课程应用与教学服务相融通的优质在线开放课程。其中特别强调要重点建设在线开放课程公共服务平台，鼓励高校与平台建设方协同建设和运用在线课程大数据，为高校师生和社会学习者提供优质高效的全方位和个性化服务。并提出了具体的发展目标：“2017年前认定1 000余门国家精品在线开放课程。到2020年，认定3 000余门国家精品在线开放课程。”[③]在一系列政策的引导下，各大教育类出版社纷纷开展数字化转型。2017年“两会”期间，在线教育成为热门话题并首次被写进《政府工作报告》。李克强总理亲自划出重点，明确指示要扩大在线教育方面的信息消费。

“十三五”是我国深入推进教育信息化、教育现代化取得重要进展的关键5年，也是新闻出版业全面完成转型升级、传统出版和

---

①② 《关于推动传统出版和新兴出版融合发展的指导意见》，http://www.mof.gov.cn/mofhome/he/lanmudaohang/zhengcefagui/201504/t20150413_1215711.html。

③ 《教育部关于加强高等学校在线开放课程建设应用与管理的意见》，http://www.gov.cn/xinwen/2015-04/28/content_2854088.htm?gs_ws=weixin_635685176815068295&fr。

新兴出版融合发展初见成效的关键五年。① 而新闻出版广电总局已完成编制的数字出版“十三五”规划，将首要目标确定为“新闻出版业数字化转型升级全面完成，传统出版与新兴出版融合发展初见成效”。在数字教育出版领域，该规划则明确要求“实现由教育出版商向教育服务商转型”，并且具体提出一些重点任务如“开发数字教育内容资源产品、课程体系和服务平台，推出一批服务于教育领域的整体解决方案；分类遴选一批出版机构，探索数字出版在基础教育、高等教育、职业教育、在线培训等领域的服务模式”。② 可见，数字教育出版单位和企业今后承担的任务会更多，所能享受的政策红利也会更多。

在新媒体快速发展的大环境下，传统教育出版业的转型升级，是适应出版业发展新形势的必由之路。由于信息、教育技术的快速发展，国家出于繁荣文化事业与教育事业的需要，必然要求教育出版的多样化与现代化，教育出版的转型已成为出版业发展的必然趋势。

3. 新技术及经营理念成为数字教育的重要支撑

科技与出版的加速融合，是未来出版业发展的大趋势。数字技术的发展对数字教育发展起着有力的促进和支撑作用，不少先进的数字技术被充分地应用在数字教育出版领域，并且显示出其

---

① 《专家谈教育信息化十三五规划：融合创新推动教育现代化》，http://finance.sina.com.cn/roll/2016-06-24/doc-ifxtmwri4346530.shtml。

② 王强：《国家“十三五”规划数字出版要点》，http://www.bisenet.com/article/201607/160714.htm。

独特的魅力。数字教育出版领域中主要的新技术有 Dream Book 技术、MPR 技术、大数据技术、HTML5 技术、云计算技术等。

由于“互联网＋”是“系列新型信息技术交叉、复合发展所创生的综合性力量与社会各类要素融合的特征与态势，是云计算、移动互联网、物联网、大数据等技术综合发展的结果”，这些技术形态交叉增值，并与一切传统的教育教学流程及其各要素双向整合，最终，“将带动泛在学习环境及个性化、定制化教育发展，从而使教育系统真正实现从‘教’向‘学’的转变，从‘知识传授’向‘体验探索’转变”。①

目前在线教育也越来越追求个性化、差异性。高效的学习资源可以是课件、参考资料，抑或是对教师的课程讲解进行录制。但是它是一种经过精心设计的数字化资源，根据学生的个体特点及其认知能力，将知识有效传递至学习者。而为了能有针对性地提高内容和服务的质量，对数字教育受众的学习过程进行采集和跟踪的技术就显得很重要，这是人工智能在教育领域深入发展的基础。这类技术具体表现为脑电记录技术、书写过程记录技术、眼动记录技术等。因为采集学生的学习过程是人工智能和大数据在教育应用的基础，只有准确记录和分析学生的学习过程，才能有效地提供个性化、智能化的指导和服务。

传统的出版单位积极地推进数字化转型，网站和“两微一端”(包括微博、微信、客户端)成为许多出版单位和企业的标配。在产品形态方面，数字报纸、数字期刊、数字教材、数字教辅读物、

① 教育部教育管理信息中心、百度文库、北京师范大学：《2015 年中国互联网学习白皮书》，《中国教育信息化》2015 年第 12 期(增刊)，第 277 页。

教育资源库、电子阅读器、电子书包、教育 APP、慕课、微课等产品层出不穷。而在传统出版单位全方位向数字出版转型的同时，电信运营商、平台渠道商、技术服务商、电子商务企业也热情投身于数字教育领域，有不少企业还与传统出版单位达成了跨界融合，其中在线教育、移动教育尤为资本市场所青睐，创造出一系列令人瞩目的成绩。

"分享经济"理念对数字教育也有促进作用。分享经济是"利用互联网等现代信息技术整合、分享海量的分散化闲置资源，满足多样化需求的经济活动综合"。[①] 如一些职业咨询和培训，从传统的网站问答式发展到一对一的专业细分化咨询，可以让用户精准而高效地获得信息。还有语言学习、留学咨询等平台也获得了较快发展。比如 51Talk 无忧英语主打"互联网＋英语"的学习模式，和相对平民价格的 1 对 1 定制化外教教学，如今注册用户数量已有上百万、外教老师 8 000 余人。平台通过分享经济的模式极大提高了资源的效率和缩减了应用的成本。

二、数字教育出版的一些典型案例分析

（一）人民教育出版社的数字化转型

人民教育出版社（以下简称"人教社"）1999 年创办了人教网，

① 龚牟利：《从 2015 年报看出版传媒集团在线教育发展》，2016－05－17. http://www.cbbr.com.cn/article/103992.html。

在2010年建立了经营性学习服务网站——人教学习网。人教学习网内容丰富，开设有电子课本、同步辅导、拓展学习等特色栏目，其课程分类涵盖了小学、初中、高中的主要课程。该网还设有热点资讯、教育时评等栏目，及时关注基础教育的发展动态。笔者查看了其中一些电子课本，发现相较传统的纸质课本，电子课本比较生动直观，将视、音、图、文等结合在一起，实现了教材内容的数字化、交互功能的智能化，得以多角度、立体地呈现教材内容，方便学生理解和掌握教材知识。

比如打开电子课本《小学语文课本三年级上册》，用鼠标点击课文后的生字，可以听其发音和讲解。课文旁的图标则有"片段朗读""片段赏析""朗读指导"等功能，点击图标后朗读发声标准而悦耳。电子课本学费为23.5元，使用期限为一年。而"同步辅导"栏目由经验丰富的特级老师讲授，如打开"选课中心"的"特级教师同步辅导 小学数学一年级上册（吴正宪）"一门课，可以看到该课程的价格是145元，使用期限为一年，可以先免费试听体验。总体来看，教师的讲解内容生动活泼，课程价格也合理。如将英语课讲解和动画片结合起来，增加了对学生的吸引力。人教学习网还有论坛可供家长和学生交流学习心得。据悉，以人教网和人教学习网为核心，人教社建成了覆盖全学科的基础教育资源网站，在线注册用户已近200万。目前，人教社正在加紧建设和推广"人教电子书包""学生资源中心""人教数字校园"等项目。

数字化是人教社"十二五"时期确立的三大战略发展方向之

图 3－3　人教学习网首页

一，据此成立的专门从事教育数字出版的人教数字公司，依托人教社品牌、资源以及市场优势，研发出版了一系列基础教育数字教学资源产品，并形成合作代理、纸数联动、软硬件结合的多元营销服务模式。目前，该社数字产品和服务已遍及30个省份的课堂和家庭，数千万中小学师生从中受益。“十三五”期间，人教社将继续实施“创新、融合、引领”的数字出版战略，强化落地应用、协同合作，

图 3－4　人教学习网教育资讯频道

加快推动教育数字出版融合发展。

人教版社社长黄强就加快数字教育建设方面提出规划："人教社将继续加快转型升级、融合发展步伐，除在内容、渠道、经营、管理等方面积极探索教育出版数字一体化格局外，还将尝试资本、产业等方面融合发展模式，继续跟踪并应用云计算、大数据、物联网、人工智能等新技术，为广大师生提供更好的教学体验，努力实现数字产品和服务的规模化、常态化和普遍化。”①

（二）高等教育出版社的网络课程平台

与主打基础教育的人教社相呼应的是，作为较早涉足在线教育领域的出版机构之一，高等教育出版社也运营着几个重要的教育网络平台：“爱课程网”，建设目标是承载 1 000 门中国大学视频公开课和 5 000 门国家精品资源共享课；“中国大学生在线”，是全国高校共同参与、面向大学生的网络社区；“全国高校教师网络培训中心”，在全国设有 55 个省级分中心及城市分中心。主要利用数字化和网络技术，通过遍布全国各省市、地区的高校教师网络培训省级分中心和城市分中心开展教师培训工作。“爱课程网”自 2011 年 11 月 9 日开通以来，已成为集聚、融通中国大学视频公开课、中国大学资源共享课和中国大学 MOOC 三类在线开放课程的平台，参与建设的高校、课程团队数量为国内最多，课程及教学资源数量、选课人数全国第一，也是国内第一家发放课程认证证书和开通 SPOC 服务的平台。其中大学视频公开课公立项 1 011 门，已上线 781 门，总讲数为 5 598 集。②

---

① 章红雨：《人教社“十三五”继续加大数字出版力度》，http：//www.chinaxwcb.com/2017－03/20/content_353297.htm？ from＝singlemessage。

② 张君成：《高教社抓住教育根本 布局在线教育新生态》，吴波主编：《出版业如何迎接数字时代》，成都：西南财经大学出版社，2016 年，第 199 页。

图 3-5 爱课程网首页

（三）凤凰传媒的在线教育

作为国内出版界上市的龙头企业之一，凤凰传媒近几年对发展在线教育非常重视，将“由传统教育出版商向教育综合运营商转变”列为其核心战略之一，其中 K12 教育（幼儿园到高中基础课程）与职业教育为其主要发力点。凤凰传媒旗下凤凰学易科技有限公

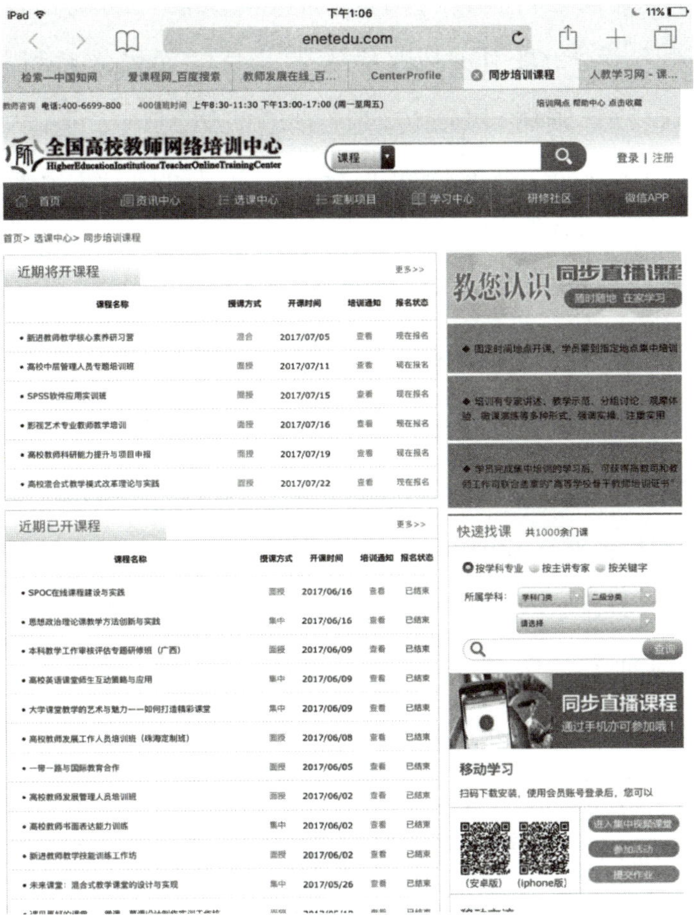

图 3-6　全国高校老师网络培训中心

司(学科网)是国内领先的 K12 教育信息化一站式解决方案供应商。2015 年 5 月，凤凰传媒旗下的凤凰数字传媒有限公司以 3 896.59 万元现金，收购母公司凤凰出版传媒集团持有的凤凰学易 51.80%的股权，同时凤凰传媒向凤凰数媒增资 4 000 万元。①

① 《凤凰传媒子公司收购凤凰学易 51.80%股权，布局在线教育大幕开启》，搜狐财经，http://business.sohu.com/20150522/n413554198.shtml。

除了对内部股权进行整合与增资，加快优质资产的整合外，凤凰传媒还在2015年12月引进战略投资者北京学而思教育科技有限公司。在职业教育领域，凤凰传媒控股厦门凤凰创壹是国内职业教育数字化领域企业，旗下的职业教育云平台“100维尔教育网”已于2015年底上线。由此凤凰传媒在多个领域布局了其在线教育发展战略。

在积极整合上下游资源方面，凤凰传媒旗下的学科网也通过与学校、个人、出版机构的合作，整合内容资源，通过提供服务进行收费。目前，学科网拥有教学资源1 000余万套，注册教师1 000余万人，合作学校达3万余所，并与几十家出版机构展开合作。如学科网与百度等13家单位合作，全网首发高考真题，与新东方等9家网站达成独家合作，发布试题首发率为100%。

据媒体报道，“江苏凤凰数字传媒公司2015年数字出版收入为8亿元左右，其中约3亿元由数字教育贡献，包括内容方面的数字教材、教辅，软件方面的教学、备课软件，以及技术服务、平台、定制化硬件等”①。依托全国幼教出版的内容资源，结合正在南京市运作两年和将在全省推进的幼教服务政府采购项目，凤凰版幼教门户网站即将上线运营。

尽管在数字教育上已经收获颇丰，江苏凤凰数字传媒公司总经理宋吉述依然感到发展中有许多瓶颈。他说：“出版社围绕教材做内容深度开发的能力有限，一些教材、教辅难以满足数字教育的

① 《内容、人才、应用模式 数字教育出版蛋糕怎么切》，http://www.ppmg.cn/htm/news4_view.asp? id=3672。

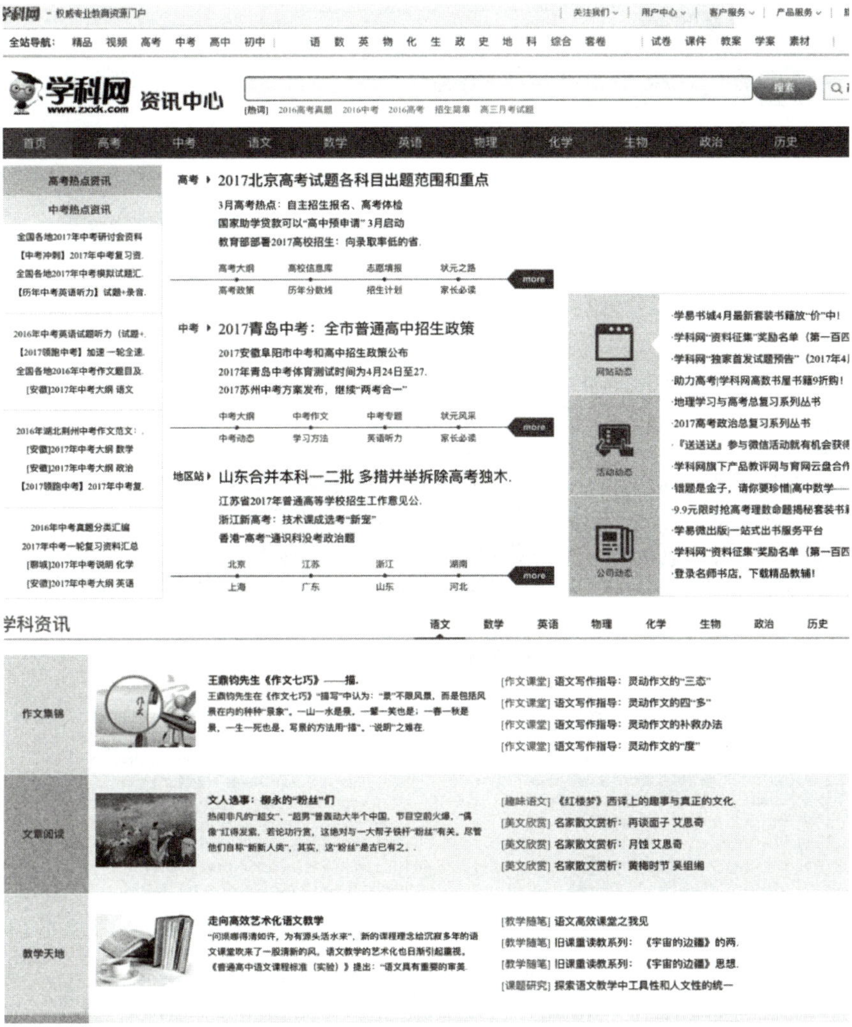

图 3－7　学科网资讯频道

需求。如果内容不完善，数字教育就成了‘无米之炊’。”①他提出内容的多媒体化、拓展化、体系化，并能把知识点串起来，让学生可以

① 《内容、人才、应用模式 数字教育出版蛋糕怎么切》，http://www.ppmg.cn/htm/news4_view.asp? id=3672。

图 3-8　学科网精品频道

通过最少的内容，来获取最多的知识。

凤凰传媒还建设了全国一流的云计算中心，形成了较强的软件技术开发能力和教育装备集成能力，为其发展在线教育提供了技术保障。近年来，通过围绕数字内容、网络平台、软件技术、数据管理等几个重点板块积极布局智慧教育业务,努力打造体系较为完整、结构较为合理的智慧教育产业链。

2016 年 5 月,安徽省教育厅与凤凰出版传媒集团在南京举行智慧教育战略合作签约仪式。根据协议,双方合作共建的重点有智慧教育数字资源建设、应用服务体系建设、大数据服务以及装备服务四个方面。在数字化教育资源建设方面,力争通过 3—5 年的时间,建成一大批内容覆盖全年段、全学科的基础性公共资源,并在此基础上,打造一批能够满足不同群体差异化需求的个性化、特色化的优质教育资源,构建一个数字化优质教育资源建设和应用服务体系。[①] 公司与江苏省教育厅就智慧教育建立战略合作关系,共同在江苏省推动教育信息化。[②]

(四)一起作业网

一起作业网成立于 2011 年 10 月,是全球领先的 K12 智能教育平台。一起作业提供了一整套以数据为核心,智能、高效的线上、线下作业解决方案,并实现了 K12 阶段的全学段、全学科覆盖。交流互动性强是其一大显著特点,以作业为纽带,该网连接起了老师、学生、家长三方人群,并有效地促进其互动。在平台上,老师可以一键布置作业,高效地批改作业,随时查看学生学习情况,并获取丰富的教学资源。学生可以便捷地完成作业,获得个性化的学

① 《省教育厅与凤凰出版传媒集团举行智慧教育战略合作签约仪式》,http://www.ec.js.edu.cn/art/2016/5/6/art_4336_192286.html。

② 凤凰传媒:2017 年年度报告. http://stock. jrj. com. cn/share, disc, 2018 - 04 - 28,601928,0000000000000ku7es.shtml。

习指导，有针对性地查漏补缺，并使用优质的自学产品；家长可以及时查看孩子的作业报告，获得专业的家庭教育指导，并为孩子定制科学、个性化的成长计划。

一起作业网提出的“产品概念”有“同步化各地教材，匹配不同教学需求；综合化目标体系，数据驱动结果导向；个性化学习路径，激发无限学习潜能”。[①] 如今全国已有31个省市、9万余所学校、超过4 000万的用户使用这一平台，拥有了智能教育的新体验。2016年4月，“一起作业”与安徽出版集团旗下的安徽教育网络出版公司（以下简称“安徽教育”）签订了“平台互联应用”战略合作协议，进行资源互补，这是地方出版集团与K12领域在线教育平台的强强联合。[②]

这一战略合作协议的签订，使得在内容资源方面拥有优势的安徽教育和在技术、平台和产品等方面经验丰富的“一起作业”，借助双方的资源优势，将技术、教育与内容进行深度融合，推动网络作业、智慧课堂等数字教育的应用，为安徽乃至全国学校的个性化教学提供信息化的整体解决方案。

一起作业网在教师、家长和学生中的口碑都相当不错。如天津市南开中学数学教研组组长林秋莎老师对一起作业网评价道：“从运用智能题库高质、高效精准命题，到关注过程、科学评价诊断，再到大数据驱动教学、促进个性化自主学习，一起作业切实帮

---

① 《一起作业网·产品概念》，http：//www.17zuoye.com/help/concept.vpage。

② 杨文：《一起作业与安徽出版集团签合作协议》，新华网，http：//news.xinhuanet.com/politics/2016-04/15/c_128898143.htm。

助一线教师减负增效，科技助力教育，让老师们教得更轻松，孩子们学得更快乐！"南京市栖霞区摄山中学副校长苏晓辉说："一起作业出卷速度快，而且题目内容新、质量高，教师批改方便，成绩统计和质量分析迅速，这些都大大提高了我们老师的工作效率。一学期下来，学科的小测试可以达到30次，这在以前是无法想象的。另外在使用效果上也是非常明显的，我校九年级数学在中考中与区均差上升了七分，这与使用一起作业有很大的关系。"①

（五）浙江大学出版社

如今积极进行数字化转型、推出在线教育项目的出版企业中，有一些是原来在教育出版方面基础就很好的出版企业。由于已经拥有了丰富多样的教育资源，并且在资金投入方面也比较有保障，这些企业有优势打造有竞争力的数字产品和数字教育平台，得以从企业内部孵化自己的在线教育品牌项目。浙江大学出版社就是一家较有代表性的出版社。

浙江大学出版社2013年被列为全国第一批数字出版转型示范单位。该社数字教育服务业务的开展始于2010年，结合浙江大学出版社教育出版的特色，目前数字教育业务的发展方向涵盖高等教育、基础教育与学前教育。该社积极探索向数字教育服务提供商转变，专门成立了"数字教育"部门。以内容创新、技术创新、体验创新与服务创新为先导，着力开发基于移动学习的"数字化教

① 《一起作业网·各界声音》，http://www.17zuoye.com/help/uservoice.vpage。

材”与“东方学术在线”。[①] 通过开发互动教材、开放课程、学习平台、助学书包、碎片应用等，在探索数字教育的新形态、新模式上成果颇丰。对课程进行数字产品和教育服务平台的开发，如对《管理学》这门课程，研发了数字教材 APP、移动教材 APP 和课程教学网；对《创新实用英语》开发了互动学习网。其数字教育产品与数字教育平台已经获得了很好的效益。

（六）中文在线

2000 年，中文在线成立于清华园。回顾国内数字出版的发展历程，中文在线董事长兼总裁童之磊说：“过去读者的阅读以纸质书为主，现在则主要以数字形式为主，用户阅读习惯发生变化。而数字出版本身的媒介呈现多元化，手机、电脑、pad、Kindle 阅读器等等层出不穷。”[②]童之磊认为，现在的出版业已经呈现出新的形态——以数字形式延伸了出版的范畴，进化到了影视、动漫、游戏、在线教育等多个领域。

中文在线这几年呈现出迅猛的发展势头。据中文在线 2016 年年报显示，报告期内，该公司实现营收 6.02 亿元，同比上涨 54.14%；实现净利润 3 504.47 万元，同比上涨 12.13%；基本每股收益为 0.136 8 元。对此，中文在线表示，公司紧紧围绕“文学+”“教

---

① 《浙江大学出版社数字出版中心简介》，http://www.press.zju.edu.cn/szcb-type/3100001170401.html。

② 《中文在线：以数字形式传承文明》，http://www.bjhdnet.com/haidiannews/93947/3785052/index.html。

育+"发展战略，推动业务稳定发展，实现基于 IP 的泛娱乐和在线教育产业双翼飞翔，并继续保持了两位数以上的中高速增长。具体来看，中文在线近期收入增长主要集中在数字阅读产品、出版运营服务、数字内容增值服务及教育业务四个领域。[①] 2017 年度，中文在线实现营收 7.17 亿元，同比上涨 19.16%。净利润 7 752.71 万元，较 2016 年同期实现大幅增长 121.22%。[②]

教育领域是数字出版极具潜力的发展方向之一，经过 10 多年在教育资源领域的深耕细作，中文在线已经积累了众多教育领域客户群体和渠道资源，形成了一整套应用指导服务体系，构建了数字教育阅读、数字教材教辅和 MOOC 三大平台，形成在线教育生态。2016 年，公司进一步强化了在数字教育领域的市场优势，教育业务稳健发展。2017 年中文在线公司教育业务收入为 10 484.83 万元，同比增长 2.7%。[③]

中文在线开发的数字教育阅读平台包括"中文慧读"和"书香中国"。"中文慧读"平台是专为学生、教师和家长设计的分级阅读平台，覆盖了小学全学段，跨语文、数学、英语等多学科，首创"三级阅读+三级测评"阅读模型，为学生提供了阅读测评、诊断与指导，旨在提升学生的阅读品位与能力。该阅读平台已在清华附小、北

① 《中文在线数字出版集团股份有限公司 2016 年年度报告全文》，http://data.eastmoney.com/notices/detail/300364/AN201704120499167988,JUU0JUI4JUFEJUU2JTk2JTg3JUU1JTlDJUE4JUU3JUJBJUJG.html。

②③ 《中文在线：2017 年年度报告》，http://guba.eastmoney.com/news，300364，756985387.html。

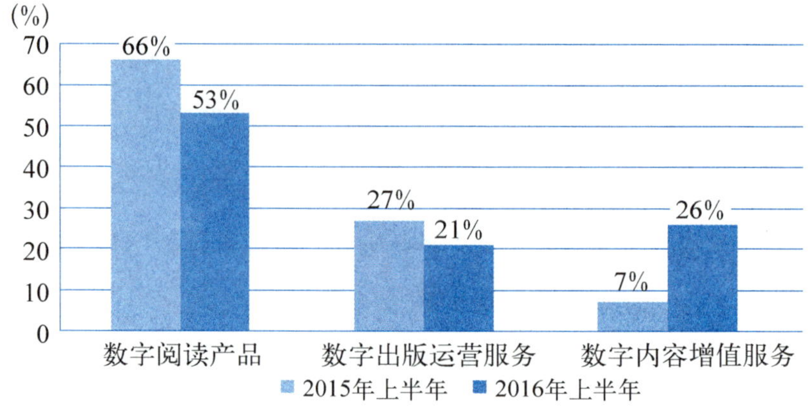

图 3-9　中文在线 2015 年上半年、2016 年上半年各业务营收占比变化情况[①]

京六十五中、北京宏志中学等中小学应用。中文在线教育公司副总经理李林介绍，三级阅读分别为泛读、精读、研读，“泛读”适合教育阅读图书及其他数字资源、包括官方、行业、团体的推荐书目，能够帮助学生拓展视野，培养阅读兴趣；“精读”是认真阅读学科与专题教育的精品图书，能够丰富学科及专题教育知识、拓展视野，提升阅读能力；“研读”以课标阅读能力培养为内在逻辑，以主流教材阅读能力培养序列为参考，为老师提供知识点、能力点、阅读考点分析等。[②] 他们开发的教育行业阅读产品还包括云屏数字借阅机、蓝阅移动阅读平台等相关产品，纵贯中小学并延伸至高校及公共图书馆等机构客户，形成在线教育行业阅读产品全覆盖。[③]

---

① 原业伟：《中文在线“文学＋”与“教育＋”两翼齐飞》，中国出版网，http：//www.chuban.cc/szcb/201702/t20170222_177348.html。

② 《中文慧读 开创智慧阅读新时代》，http：//www.sohu.com/a/131368395_162758。

③ 《中文在线：2017 年年度报告》，http：//guba. eastmoney. com/news，300364，756985387.html。

中文在线还是清华大学 MOOC 平台“学堂在线”的投资方和合作推广方，以合作推广模式促进 MOOC 平台在国内外市场规模的进一步扩大。学堂在线是由清华大学研发出的中文 MOOC（massive open online courses，大规模开放网络课程）平台，于 2013 年 10 月 10 日正式启动，面向全球提供在线课程。任何拥有上网条件的学生均可通过该平台，在网上学习课程视频。截至 2016 年 12 月底，“学堂在线”注册用户超过 500 万，上线课程超过 1 000 门，选课人次超过 600 万，已成为国内最大的中文 MOOC 平台。

“中文在线不是仅仅将数字出版作为赚钱的生意，其中还蕴含着我们的理想和使命——用数字出版传承文明。”童之磊说。未来中文在线还将切入包括数字教材、数字教辅、数字化课外读物的数字教育出版。过去由于纸质书的限制，教材和教学过程分离。今后将会有更多带有多媒体互动效果的立体式教材出现在课堂上，例如数字教材可以完成学生课文朗读的比对。

三、数字教育出版存在的问题及对策探讨

我国教育出版的腾飞源自近代教育的发展。如今随着各层次教育需求的不断增加，与之相应的教育出版也发展迅猛，教育出版由此成为整个出版行业的底层架构与基本标配。教育出版作为传统出版领域的重要组成部分，近年来新业态不断呈现，以慕课（MOOC）、数据库为代表的数字教育产品与服务形态迅速崛起。传统

教育出版资源的在线化、数据化，也极大地推动了数字教育出版的增长态势。目前出版界人士普遍认为，“互联网+教育”出版创造了一个新的“蓝海”，在线教育未来将是数字出版中最有发展前景的一块。

虽然教育出版是我国出版业的基础产业，但在飞速发展的同时也显现出诸多问题，如缺乏创新力、大而不强等。而教育的数字化转型同样存在着诸多亟待解决的问题。在移动互联网快速发展和媒体融合加深的环境下，“互联网+教育出版”行动计划如何落地、互联网教育出版“大众创业，万众创新”如何更好服务于教育，这些问题也是值得深思的。

（一）优质资源整合及行业协作方面存在问题

出版的核心是聚合，就是把优秀的资源凝聚、整合在一起，尽力满足用户的要求、给用户以最佳体验。与大众出版相比，教育出版的资源更加多样化；但从目前的发展情况来看，数字教育出版的资源整合利用能力仍有待提高。传统教育出版机构尚缺乏整合多样化教育资源的意识，应改进资源整合的观念及能力。

高等教育出版社数字出版中心主任张泽是一位从事出版活动近30年的老出版人，他亲身感受着近些年来教育出版数字化的历程。张泽指出，这么多年过去了，实际上一些规律性的东西并没有改变，比如对提升教学质量、提高教学效率的要求；以及追求个性化、主动性、适应学习要求等。[①] 可见对优质内容的不懈追求，是实

① 章红雨 李明远：《数字出版进入比拼内力时代》，http：//www.chinaxwcb.com/2017-03/20/content_353293.htm。

现数字教育出版蓬勃发展的关键所在。而出版社在提供优质内容方面是有优势的。张泽介绍，这些年高教社和网易合作，在基础教育、高等教育、教师培训等方面展开合作，收益每年超过 1 亿元。

一些传统出版机构花费许多精力和金钱去搭建平台，往往效果并不理想。出版社对于在线教育所应用的技术方面经验不足，而新技术企业在内容创新方面存在很大问题，因此两者的合作可能为资源整合提供了一个较好的途径。诚如沪江网副总裁常智韬所说，“优质内容是数字教育的源头活水。从事数字教育的互联网企业想要保证优质内容的供给和持续发展，与传统出版单位的合作是不二选择。”①通过合作，可以将传统出版单位的内容优势与互联网公司的先进技术整合，进行多次开发，拉长产业链、丰富产品形态，形成“双赢”的局面。

沪江网积极探索与传统出版单位进行合作，并卓有成效。以沪江网与人民教育出版社共同开发《中日交流标准日本语》的配套 APP 产品与在线课程为例，仅 2015 年 4 月，该书的销量就增加了 6 万余册。目前沪江网已与国内外百余家出版单位合作，每年有几十种相关在线课程落地，2015 年版权课程收入为千万量级，与出版社的分成也达数百万量级。

业内人士认为，互联网对教育出版的影响是非常深远的，远不止作为工具来提高效率那么简单。教育出版的数字化已是必然趋势，一个大家共同协作、分享，在各自领域探索最优信息组合、重新

---

① 《内容、人才、应用模式 数字教育出版蛋糕怎么切》，http://media.china.com.cn/cmjujiao/2016-07-29/810436.html。

构架知识结构的时代正在到来。对于数字出版企业来说，与传统出版机构的合作，也让自己的技术拥有了“用武之地”。如广西英腾教育科技股份有限公司与中国医药科技出版社合作，打造“药师在线”教育平台，推出执业药师考前辅导等一系列课程，取得了良好的市场效益和社会反响。药师在线还设有“药师社区”提供交流渠道，增强互动性，改进教学效果。为能与更多的出版社在内容资源上达成合作，英腾教育公司在北京成立了研发中心，为用户提供更加优质的学习体验。

近两年来还有越来越多的民营教育出版工作室投身教育数字出版领域，并推出了各种形态的数字教育出版产品，进一步丰富了教育与学习的形式，为人们提供了更多的选择。但是从另一方面来看，目前“百花齐放”的盛况仍处于探索期，形成成熟模式的数字教育出版产品还比较少。而出版社在传统教育出版中，因为掌握了教材等高标准内容，具有很强的垄断性优势，在数字化教育中同样也有不少机遇。当前，大量的教育内容在网络上随处可见，且同质化严重，许多互联网公司也把免费作为一种竞争手段，所以低水平的网络资源根本不缺。缺少的是高端的体系化、知识密集化和课程性资源。

国家文化产业发展基金对数字平台建设提供了大力支持，大型的出版社几乎都建有数字平台，但不少中小型出版社在基础数字平台搭建上存在困难。各平台之间的关系相对独立，没有互连，这就形成了一定的重复建设，中山大学出版社总经理助理曹巩华对此提出了建议：可以在国家层面上进行顶层的系统规划设计，建设几个基础性的平台，满足一般出版社开展数字化产品推广的

图 3－10　药师在线主页面

需求，出版社则专心做产品，这样数字化的效果可能会更好。[①]

（二）数字教育出版的营利模式仍在探索之中

营利模式是企业在市场竞争中逐步形成的特有的赖以营利的

---

① 张桂婷、周贺：《数字化趋势下教材教辅出版须转型》，吴波主编：《出版业如何迎接数字时代》，成都：西南财经大学出版社 2016 年，第 131—132 页。

商务结构及其对应的业务结构，是企业的一种获利方式。而任何一个商业模式都是一个由客户价值、企业资源和能力、营利方式构成的三维立体模式。[①] 虽然如今数字教育出版发展的态势良好，但是从业者们面临的一个难题是，有效的营利模式依然在探索之中。此前纷纷涌入在线教育行业的企业，不少因为缺乏竞争力，已黯然谢幕。

对此，数字教育出版企业应该积极探索营销新渠道和有效的营利模式。数字教育出版主要有内容收费、增值服务、软件一次性收费或包月、平台佣金、广告等几种营利模式。在线广告包括横幅、图标广告、Flash 多媒动画等多种形式，较常见的收费方式为按点击次数收费。教育类网站大多会提供相关广告位，但能单独依靠广告来营利的还是一小部分品牌优势比较明显、能带来大量流量和点击量的网站。又如，在线语言学习领域有着各种各样的企业和产品，但多为词典、背词、听说辅助学习工具，营利能力不足，在线语言学习上的在线教学方式也仅有几年，能够创造一定收入的企业只有数家，大多还处于探索阶段。中小学在线教育虽然被认为很有发展潜力，但现在市场规模也不大。

付费知识服务如今正在兴起，为数字教育出版带来了新的机遇。中国新闻出版研究院院长魏玉山说，尽管免费仍然是当下各大平台主流模式，但是近几年出现的付费社区、音频问答、在线课程、喜马拉雅等知识付费平台，显示出免费定律正在被逐渐打破。

① 刘美华、王谷香：《“互联网＋”时代出版企业在线教育发展战略探析》，《出版发行研究》2016 年第 2 期，第 52 页。

知识付费风潮的兴起，给数字出版企业带来机遇的同时，也加快了数字出版产业的优胜劣汰。① 电子工业出版社走过了从知识分享到付费知识服务之路，该社副总编辑李弘说，“近两年兴起的虚拟现实(VR)及增强现实(AR)技术热，对出版社开展知识服务很有帮助”。

2016 年 12 月，果壳网 MOOC 学院、网易云课堂、中国大学 MOOC 和网易公开课联发合起了“2016 知识青年大调查”，基于 30 187 位学习者的学习行为，盘点当前在线学习者的人群特点、学习习惯、学习目标、付费习惯等，发布了《2016 知识青年报告》。面对新的发展形势，MOOC 学院也将调查的关注点拓展到在线付费学习。调查发现，“为知识付费”得到绝大多数人认可，70%在线学习者在过去一年中为在线学习付费，知识付费时代来临。② 从下图 3-11 中可以看出，75.65%的受访者认为“如果内容优质，愿意为好的内容付费”。51.73%的受访者认可“有价值的内容，本来就应该付费获得”。

在信息服务占主流的当下，出版单位要实现知识服务，首先要建立知识服务生态圈。比如编辑应会用数字出版系统为用户进行场景设计、建立运营反馈系统等，编辑只有具备技术应用和营销运营两种能力，出版社才能在知识服务中占有一席之地。通常认为

---

① 《数字出版进入比拼内力时代 知识付费浪潮带来机遇》，http：//news.youth.cn/jsxw/201703/t20170320_9322223.htm。

② 《2016 知识青年报告：在线教育百家争鸣，知识付费时代来临》，http：//www.hao123.com/mid?key=pZwYTjCEQ1nvpLc8mvqVQL0EPH0vnHbkni4CIAd_&from=tuijian&pn=1。

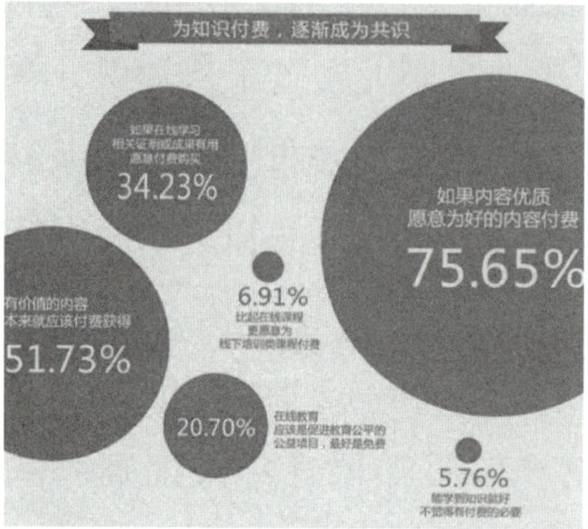

图 3－11　知识付费的意愿调查

资料来源：2016 知识青年大调查。

图 3－12　付费学习的行为 TOP3

资料来源：2016 知识青年大调查。

应试教育给教育出版数字化带来商机的说法，浙江教育出版社副总编辑邱连根并不完全赞同。他认为，在教育信息化背景下，纯粹对付应试教育的纸质图书已经做得非常完美，数字教育产品应该另找方向，而方向之一是开发留学教育及扫除中小学生常识盲区的数字产品。

2016 年 3 月，百度教育事业部发布《中国互联网教育行业趋势报告》，指出“内容＋机会”的教育新生态已经成为未来数字教育的发展趋势。百度教育事业部市场经理聂斐指出，“以前我们在输出内容的时候是在给用户讲知识点，也就是构建知识图谱。今后，我想通过教育的方式，不只单纯地做培训，而是让他能得到从事这份工作的机会，这就是机会图谱。我们希望通过机会图谱的融合过程，让所有人通过学习获得更多更平稳的发展机会，满足社会发展对人才的需求。”为此，百度教育将通过包括大数据在内的一系列技术化手段，打造更高质量的教育内容。百度教育事业部将成为一个既有普通用户，也有内容提供商，以及服务提供商的综合平台，通过整合上下游资源，为用户提供综合性的服务。

与百度整合上下游资源的做法类似，学科网也通过与学校、个人、出版机构的合作，整合内容资源，通过提供服务进行收费。目前，学科网拥有教学资源 1 000 余万套，注册教师 1 000 余万人，合作学校达 3 万余所，并与几十家出版机构展开合作。“有了海量的内容，我们在面向学校输出内容的时候收费，这些学校既是内容提供方，也是消费方。此外，我们还通过与运营商、学习机厂商的合作，推广我们的内容服务”。学科网总经理陈学艺说。①

此外还有将产业链延伸到线下开发新的营利模式的。如时代出版传媒股份有限公司运营的“时代教育在线”，定位安徽省教育基础平台，功能和资源丰富全面，具有强大的资源库，推广模式则包括 B2B 和 B2C 两种，其中 B2C 为家长开发了客户端，可以直接访问到孩子在学校的教育记录。② 该公司还积极展开跨界合作，将产业链进一步延伸到线下，通过开办实体幼儿园推广幼教产品。2015 年 1 月，安徽少儿出版社与紫荆时代教育科技有限公司以及贝壳育德教育集团共同投资设立时代紫荆教育投资公司，目前上海金宝国际幼儿园已经开园。今后该公司将复制这种模式，

---

① 《传统出版＋数字企业联手攻克数字教育出版难题》，搜狐网 http：//www.sohu.com/a/110254024_119737。

② 根据《时代出版 2016 年年度报告》，东方财富网，http：//data.eastmoney.com/notices/detail/600551/AN201702270367923851,JUU2JTk3JUI2JUU0JUJCJUEzJUU1JTg3JUJBJUU3JTg5JTg4.html。

通过收购K12(基础教育)机构,在幼教上下游领域加大布局,对数字教育出版产品进行推广。并将重点打造中国最大的少儿领域全产业链的服务综合体。值得注意的是,如今“生态”“产业链”等词开始被屡次提起。一些传统出版单位与数字技术企业,开始在构建产业生态上下功夫,形成贯穿产业链上下游的良性发展链条。

回顾近几年在线教育市场的发展,有论者指出,“经过2014年的激烈竞争,2015年资本市场大量资金流入在线教育产业,各企业在赛道上疯狂赛跑,2016年各竞争对手之间的差距逐渐拉大,尤其是K12领域和在线语言教育领域,基本格局已经形成,但在线职业教育领域和家教领域仍有巨大的发展潜力,在线教育企业可抓住机会各展所长”①。

(三)思维转变方面的问题与对策

数字出版不是出版内容的简单数字化,而是一种新的出版形态。从业者应该跳出传统出版的框架来看数字出版,以全新的思维来推动“互联网+”行动在新闻出版领域落地。具体如探索“内容+互联网”的有效模式,提升内容资源运营服务能力;贯彻落实“大数据战略”,开展出版物智能选题,自动生产、协同编辑、精准发行和个性化定制试验,开展用户行为大数据分析,创新数字出版服务运营模式,开发数据出版业务;出版单位基于工作、学习和生活场景建立数字内容融合发展业务,拓展数字出版服务领域。

---

① 徐利颖:《以K12为切入点刍议我国在线教育》,《出版广角》2016年第10期(下),第63页。

数字出版的成熟和繁荣取决于市场对数字教育资源的巨大需求。我国的基础教育、高等教育、职业教育、成人教育等各有特点，就基础教育而言，教材的选用管理较严，数字内容要进入课堂、特别是主课课堂，教育主管部门需要建立严格的内容审核机制和良好的政策支持环境，学校要建设功能齐全的内容资源管理平台和技术服务体系，电信运营商要保证网络的畅通无阻，终端厂商要保证学习终端的安全性。

众所周知，出版社具有传统的渠道优势、专业的教材编写人员，在把握全国的教学趋势和内容方面有着相当大的优势。那么在数字教育出版火热的今天，出版社优势何在，会在 K12 在线教育领域里大有作为吗？现阶段，对用互联网思维来做 K12 领域的企业来说，大范围进入课堂简直是不可想象的事情，相当多的企业举步维艰。出版社如果介入 K12 在线教育市场，也许是最有可能成功的。无论是家长，学生还是老师，对于出版社出版的教辅都有着很高的认可度和接受度，出版社应该积极转变思维，组织自己的教材和教辅编写人员，利用其信息优势和资源优势，将原有的内容进行资源整合，推出在线教育频道。

教育领域的信息化已经在全球范围内成为趋势，渗透到教学的各个环节，因此也对教育出版提出了更高要求。数字教育出版无论是从市场，还是用户层面释放出的巨大潜力，也成为吸引传统出版单位转型升级，以及数字出版企业加速布局的强大推动力。面对这一波数字教育出版的发展机会，传统出版单位与数字出版企业“内容＋技术”，以及与产业链上下游的合作，已经成为共识。

相关企业应积极利用互联网改变运营流程，实现线上线下融合发展。比如，新东方从线下到线上的推广，沪江网从线上走向线下，构建线上线下融合的全渠道运营模式来推动在线教育发展。

例如，广东出版集团在智能测评方面进行了有益的尝试。技术的发展能在一定程度上促进社会公平，而智能测评在教育领域的应用，极大地降低了人工作业带来的误差和随意性。其开发的智能教育测评已经得到广泛应用，这也是广东省出版集团的主营业务，如今在英语课程教育评测方面已有完整的产品线，尤其是英语口语的测评。将考生的口语回答输入评测软件，根据发音以及内容来判断考生是否回答正确是主要的技术难题。该智能教育评测系统是全国唯一一个为中考提供过口语考试服务的系统，目前正与教育部合作，它较人工评分拥有更高的准确度和更小的误差和随意性，有益于教育公平性的实现。数字出版在教育领域的业务触角，正在由点读终端的制作、教材教辅的编辑出版延伸到教育质量的测评，形成一条完整的服务。①

在“一起作业”的董事长王强看来，互联网对教育出版的影响，远不止工具层面上提高效率那么简单。教育出版的数字化已是必然趋势，一个大家共同协作、分享，在各自领域探索最优信息组合，重新构架知识结构的时代正在到来。他希望一起作业能与各出版单位一起，在融合、发展、共赢的前提下，为数字化出版、数字化教

---

① 参见王颖、林冉：《数字出版行业的困局与破局分析——以广东省出版集团数字出版有限公司为例》，丁未、李凤亮主编：《粤港澳台文化创意产业发展报告(2014)：聚集数字产业》，北京：社会科学文献出版社，2015 年，第 33 页。

育提供宝贵经验。

（四）技术水平和创新能力亟待提升

我国的数字教育出版行业，在吸收最新技术、信息素养培养和改革教育模式等方面与国际一流水平还存在较大差距。在“互联网＋”的时代背景下，出版的形式与内容都有着重要的地位。而传统教育出版机构大多还只是内容的提供者，缺少互联网及数字出版技术的支持，这样教育出版机构就无法在数字出版产业链中占据主导地位，也难以形成有效的营利模式。

人民教育数字出版有限公司首席执行官王巧林认为，影响数字教育出版最大的问题在于应用场景的搭建。许多数字教育技术难以达到普遍使用的状态，制约了行业发展。[①] 在数字化转型发展中，传统出版单位将自身定位为既是内容提供商，又是服务提供商的双重角色，服务商的角色在某种程度上甚至更为重要。现在面临的问题是，传统出版单位拥有了数字化产品，但如果服务跟不上，也很难实现预期效果。对此应该加强对技术的重视程度。“通过技术可以改变教育模式，改变信息接触方式，通过技术还可以培养学生的创新能力”[②]。

在技术方面对教学效果进行评估也是一大难题。在线教育的本质是教育，教育的目的一定是学会了什么，而不是在哪里学习。虽然 Flipped Class 针对 Mooc 无法保障学习效果的问题加入了学

---

①② 尹琨：《传统出版单位转型升级 联手攻克数字教育出版难题》，http://media.people.com.cn/n1/2016/0811/c40606-28629487.html。

习数据分析和过程性评估等，通过技术手段对学习结果进行跟踪；但基于课程资源的固定性，很难自动对学习过程进行干预。同时，学习数据的搜集和分析是一项很复杂的工作，并且也需要长期的过程进行积累才能实现。

内容与技术的深度融合已经在一些传统出版单位和数字技术企业间的合作中有所体现。2015 年年底，北京师范大学出版集团与科大讯飞股份有限公司签署战略协议。双方共同投资成立北京京师讯飞教育科技有限公司，他们希望能够把北京师范大学出版集团教材、教辅的内容，以及销售渠道和品牌与科大讯飞的技术、人才、销售渠道进行整合。由于科大讯飞在数字教育中布局在基础教育领域，双方通过合作，将在基础教育业务中，实现从技术、资源、资金、人才等方面的有效整合。

高等教育出版社数字出版部主任张泽强调了创新思路的重要性。他提出，"十二五"期间，以技术支撑的新形态教材已经占到 1/3。把出版的优势与互联网的优势结合在一起，更能满足教学的需要，吸引老师和学生的关注和使用。传统出版社面临的一个最大问题就是创新能力不够。现在很多创新来自民营公司，受到体制机制的限制，传统出版单位往往缺乏创新能力。创新才是未来发展的核心。

在运用各种新技术改进数字教育效率方面，越来越多的 VR 内容厂商尝试将 VR 应用在教育领域，并且得到了不错的效果，特别是在自然科学教育方面具有很大的优势。美国虚拟现实课程公司 Victory VR 已将目光从美国本土瞄向亚洲，认为印度是一块极为可观的市场。而 VR 教育公司 Nearpod B 轮融资 2 100 万美元，有上万所学校使用其产品。这轮融资将继续为教师们开发更交互式的 VR 内容，扩大团队，打造更多如 Nearpod ELL 一样丰富课堂内容的产品及 3D 项目。在世界范围内，目前看来美国对于 VR 教育开发的覆盖率是占第一位的。不过中国在 VR 教育上也有更多的公司不断加入进来，表明 VR 技术对于提升教学质量是有很大的潜力。

（五）数字教育产品版权保护严重不足

在线教育近几年发展迅速，但优质内容还比较欠缺，盗版成为影响其发展的一个重要因素。网络课件是在线教育的核心资源，对其进行开发的创新性、专业性以及成本都很高，相较而言对课件盗版及传播的成本却可忽略不计。2011 年，国家版权局受理了在线教育产品的版权申请，使得数字教育出版企业与盗版这种恶劣行为抗争时有了一定便利。但是由于盗版的技术手段简单，企业利益每每被损害，使得他们不敢轻易在内容上有更多的投入。

从法律层面看，著作权法的保护核心是复制权，进入移动互联网时代后，复制网络资源的技术越来越简单，著作权法显得有些滞后，新的保护规则有必要加以探讨。从技术层面来看，在线播放视频的版权保护，应该从盗链、下载、录屏等几个方面加以防范。盗链是指服务提供商自己不提供服务内容，通过技术手段绕过其他有利益的最终用户界面（如广告），直接在自己的网站上向最终用户提供其他服务提供商的服务内容，骗取最终用户的浏览和点击率。受益者不提供资源或提供很少的资源。最大的危害是损害了被盗链网站的利益。[①] 对之防范的方式有限制引用页、文件伪装、加密认证、随机附加码、更改文件目录等。

由于盗版花费的成本低、盗版行为频频发生，教育机构对课程版权的保护可谓费时费力，甚至需要专门的法务团队。传统线下教育机构在向线上发展时，也因为盗版问题有所顾虑。随着法律意识的增强，越来越多的在线教育公司已经着手维护课程版权，保护应有的权益。比如，2014 年 12 月，正保远程教育曾公布一组打击盗版的数据：从 2012 年至今，正保远程教育已成功立案盗版课件、盗版书籍的民事诉讼案件共计 20 余件，行政案件 2 件，刑事案件 3 例，共追讨经济损失上百万元，并查获正保远程教育版权图书 1 000 余套。[②]

一位 90 后颜某通过淘宝网店大量发售在线教育课件的破解版牟利，受到了法律制裁，被称为我国“在线教育版权刑事保护第一案”。据媒体 2016 年 1 月报道，苏州工业园区法院经审理查明，被告颜某未经著作权人授权，通过淘宝网店以售卖教育网站——沪江教育的充值卡和分享课程账号“一号多卖”的方式赚取差价。后颜某为了降低成本，购买了“破解版”课件，以远低于官网销售价格出售“破解版”课件，共计获得非法收入 78 109.5 元。苏州工业园区法院对该件作出判决，被告颜某因侵犯著作权罪被判处有期

① 周涛：《视频网站之殇 爱奇艺、乐视等付费内容被盗链》，http：//news.cnfol.com/it/20161123/23858672.shtml。

② 《正保远程教育重拳打击盗版侵权见成效》，http：//edu.qq.com/a/20141217/058651.htm。

徒刑 1 年，缓刑 1 年，并处罚金 6 万元。[①] 近日沪江第二起在线教育版权侵权案宣判。社会人士汤某依靠自身的技术背景，通过非法技术手段盗取沪江教育平台上的在线课程内容，镇江市经济开发区人民法院对此案做出判决，判处汤某有期徒刑 1 年并处罚金 11 万元。[②]

有关业内人士提出一些应对盗版的建议，如在视频播放过程中，提前设置好问题，学员只有正确回答了视频中弹出的问题，才能继续学习。或者将学员 ID 以水印的方式印在屏幕上，便于查出视频流出的源头。但行之有效的保护手段还在探索之中。

---

① 参见纪树霞、王玥：《在线教育版权保护第一案落槌》，http：//js. xhby. net/system/2016/01/12/027622545.shtml。

② 《沪江在线课程版权侵权案宣判，在线教育维权任重道远》，http：//www.sohu.com/a/163793805_112831。

第四章　移动互联网时代移动出版的现状与问题研究

近几年，随着移动互联网技术的发展，特别是4G网络、城市WiFi覆盖范围的扩大，智能手机及平板电脑等移动终端的普及，以及数字出版技术的飞速发展，媒介融合进一步加深，移动出版产业成为数字出版发展的新亮点。推进数字出版和移动出版一方面有利于满足广大群众日趋多元的精神文化需求，同时也是应对国际挑战、提高自身竞争力，维护国家文化安全的重要手段。国家从行政、法律、经济等方面加强了对移动出版产业的政策扶持。但我国的移动出版产业发展还很不成熟，在快速发展的同时也面临着文化科技创新能力不足、研发应用滞后、产业链不完善、版权保护不力、缺乏差异化的优质内容及品牌意识等问题。

目前我国数字消费需求逐年攀升，产业规模持续壮大。据统计，2015 年，我国数字出版实现营业收入 4 403.9 亿元，较 2014 年增加 1 016.2 亿元，增长 30.0%，占新闻出版全行业营业收入的 20.3%，提高 3.4%。① 而其中移动出版和网络游戏的收入分别为 1 055.9 亿元和 888.8 亿元，两者合计占比 44.16%，接近数字出版全年总收入规模的一半。② 2016 年，我国数字出版产业总收入 5 720.85 亿元，比 2015 年增长 29.9%，其中移动出版 1 399.5 亿元，收入占 24.46%。③ 随着移动网络和数字技术的发展日新月异，新媒体与传统媒体之间的边界渐趋淡化，传媒产业进入媒介融合时代。近年来我国移动端受众群体不断扩大，成为媒介融合发展的重要推动力量，也构成了移动出版繁荣的基础。

针对这一新兴行业取得的成就和存在的问题，学界业界早已有所关注，近几年对移动出版从不同角度进行了研究，并且提出了不少有创新性的观点和研究方法，推动了这一研究领域的深入展开。本章在对移动出版的发展现状、存在的问题进行研究的基础上，也对移动出版领域的研究前景进行了展望，旨在推动这一领域的研究继续向纵深发展。

---

① 《2015 年我国新闻出版营业收入突破 2.1 万亿元 数字出版成主要增长极》，新华网月，http://news.xinhuanet.com/politics/2016-08/09/c_129214248.htm。

② 魏玉山：《2015—2016 中国数字出版产业年度报告》，http://www.chuban.cc/rdjj/2016szcb/zlttp/201607/t20160719_174913.html。

③ 《2016—2017 中国数字出版产业年度报告》全文，http://dy.163.com/v2/article/detail/CP4S8JIL0525DC8M.html。

一、移动出版及其研究的兴起与背景

(一)移动出版的社会环境驱动

移动出版的兴起,与移动互联网的出现和发展密切相关。所谓移动互联网,一般认为是将移动通信与互联网结合起来的新媒体。由利科国际咨询集团打造的分析师团体研究认为,移动互联网是指互联网的技术、平台、商业模式和应用与移动通信技术结合并实践的活动的总称。① 移动互联网催生了移动出版。移动出版是将内容资源进行数字化加工,以手机、平板电脑、电子书阅读终端等移动设备为媒介,通过移动互联网进行传播的出版行为。移动出版是一个由众多行业组成的产业集群,广义上包括手机网络新闻、手机网络文学、手机网络音乐、手机网络视频、手机网络游戏、手机网上支付、手机微博等多个行业。

随着数字出版的重心从电子设备和台式电脑向平板电脑及智能手机转移,数字出版产业链上的企业竞相推出面向移动端的出版产品和服务,移动端收入已成为数字出版收益的重要来源。为适应移动互联网发展热潮、应对其带来的巨大挑战,近几年传统出版单位纷纷加快在移动端的战略布局,全方位地提高在移动互联网大潮中搏击的实力,最为直接的表现便是努力发展“两微一端”,

---

① 孟耀:《新媒体与数字出版》,大连:东北财经大学出版社,2015 年,第 83 页。

即微博、微信和客户端，这已成为传统出版单位进行数字化转型的基本标配。出版单位通过这些策略进行宣传，打造新的品牌形象，努力实现战略转型。而掌阅、简书、咪咕数媒等内容集成商和运营商，也加大了对移动端应用和市场的开发，准备在移动领域大显身手。

书籍是人类文明传承的主要载体，近年来移动出版通过手机、平板电脑、电子书阅读器等将电子书籍传送到人们手中，已经成为实现全民阅读的主要方式。2016 年 5 月 17 日，中国互联网协会、国家互联网应急中心在京首次联合发布了《中国移动互联网发展状况及其安全报告（2016）》，显示 2016 年中国境内活跃的手机上网码号数量达 12.47 亿，较 2015 年增长 59.9%。广东省的手机上网码号数量 1.49 亿，位居全国首位，江苏省和北京市的数量位居全国第二和第三，分别为 1.31 亿和 0.78 亿。网民使用 Android 操作系统比例高达 83.02%。2016 年中国境内活跃的智能手机达 23.3 亿部，较 2015 年增长 106%。① 近年来，移动设备使用便捷性不断提高，人们生活、学习、消费等巨大需求，使得大量网民从 PC 端向移动端转化，这给中国移动互联网快速发展创造了前所未有的条件，为各行业 APP 及微信公众号的快速发展提供了市场基础。

中国互联网络信息中心（CNNIC）在 2016 年 8 月 3 日发布的第 38 次《中国互联网络发展状况统计报告》显示，中国网民规模达 7.10 亿，中国手机网民规模达 6.56 亿。网民上网设备进一步向

---

① 《中国移动互联网发展状况及其安全报告（2017）》发布，http：//www.xinhuanet.com/info/ttgg/2017－05/17/c_136291536.htm。

移动端集中。[①] 而截至2017年12月，中国互联网络的网民规模已达7.72亿，普及率达到55.8%，超过全球平均水平4.1%；手机网民数量达7.53亿，占比达97.5%。移动互联网与线下经济的联系也越来越紧密，2016年，我国手机网上支付用户规模增长迅速，达4.69亿，年增长率为31.2%，网民手机网上支付的使用比例由57.7%提升至67.5%。同时，手机支付向线下支付领域的快速渗透，极大丰富了支付场景，有50.3%的网民在线下实体店购物时使用手机支付结算。[②] 2017年，我国移动支付用户规模持续扩大，网民在线下消费使用手机网上支付比例由2016年底的50.3%提升至65.5%，线下支付加速向农村地区网民渗透，农村地区网民使用线下支付的比例已由2016年底的31.7%提升至47.1%。[③]

这些数据意味着即使不计算平板电脑用户数量，作为移动出版最主要载体的手机用户数量也在不断增加；并且支付方式越来越完善，为移动出版的发展提供了重要的技术支撑。未来随着数字内容市场的不断规范与成熟，依靠大数据分析系统，移动出版可将更符合用户需求的优质内容传输到读者手中，并成为用户实现随时、随地阅读的主要方式，使倡导全民阅读、提高国民素质的目标更有操作性。

---

① 《CNNIC 发布第38次〈中国互联网络发展状况统计报告〉》，https：//cnnic.cn/gywm/xwzx/rdxw/2016/201608/t20160803_54389.htm。

② 《CNNIC 发布第39次〈中国互联网络发展状况统计报告〉》，http：//www.cnnic.net.cn/gywm/xwzx/rdxw/20172017/201701/t20170122_66448.htm。

③ 《CNNIC 发布第41次〈中国互联网络发展状况统计报告〉》，http：//www.cac.gov.cn/2018-01/31/c_1122346138.htm。

(二) 移动出版的特点

(1) 受众的广泛性。CNNIC 发布第 41 次《中国互联网络发展状况统计报告》显示，中国互联网网民规模已达 7.72 亿，普及率达到 55.8%；而手机网民数量达 7.53 亿，占比达 97.5%，台式电脑、笔记本电脑、平板电脑的使用率均出现下降，手机不断挤占其他个人上网设备的使用。[①] 手机网民快速增多，主要是因为智能手机拥有越来越丰富而实用的功能，移动应用的创新热潮此起彼伏。而且与从前相比，如今的手机价格也更为亲民，“千元智能机”的出现，使得移动智能终端的使用门槛大大降低了，促使普通手机用户纷纷转变为手机上网用户。手机如今已成为我国第一大上网终端，手机媒体影响深远，其受众的广泛性毋庸置疑。

(2) 传递的即时性。手机的便携及永久在线的特点，使手机传播特别便利。用户接收内容或发布内容都是即时的，如用户可利用微博、微信等即时生成内容，而新闻资讯等也能随时传递到用户手中。便携性和移动性是手机作为载体的重要特性，这使得人们的媒介消费空间变得立体且呈现出“无缝连接”的态势。对于用户而言，这一情形使得他们接收信息更加便捷。不少用户由于工作紧张、生活压力大，很难有较长时段的阅读时间，其阅读大多集中在上下班路途中，以及排队等候中。而手机、平板电脑等可随身携带，用户可以方便地利用其阅读信息，变碎片化时间为阅读的有

① 《CNNIC 发布第 41 次〈中国互联网络发展状况统计报告〉》，http://www.cac.gov.cn/2018-01/31/c_1122346138.htm。

效时间，更适合快节奏的生活及去中心化、快餐化的阅读习惯。阅读“场”，可以随时转换，阅读内容可以随时存取，海量资料可以开放存取，满足了任何时间、任何地点、任何媒体的阅读需求。

（3）移动传播的互动性和个性化。手机媒体等智能终端具有新媒体双向传播的特点，颠覆了传统媒体的单向传播形式，用户在消费内容产品时，可随时进行评价、转发等。而且手机媒体运营商容易根据浏览记录形成对用户习惯的分析，便于有针对性地提供内容产品；同时，手机是一种更加私人化的终端，方便用户定制产品，这些都有利于产品开发。手机阅读满足了受众的碎片化阅读诉求，同时也实现了受众个性化的阅读体验。用户可以借助高科技的阅读终端，利用高速运转的 4G 网络，在拥有海量信息资源的“云”端畅游，自由、灵活地选择和下载自己喜欢的阅读材料。

（4）移动出版的多样性。手机集常用功能于一体，借助手机、平板电脑等的多样化功能，移动出版物也形式多样，主要有手机报、手机杂志、手机图书、手机电视、手机讯息、手机音乐、手机博客、微博，手机搜索及手机社会网络等。在 4G 环境中，移动出版的产品可以提供包括视频、音频、图像、文字等多种形式的资讯，给受众带来全方位的视听体验。同时，用户在阅读的同时，还可以通过即时通信、论坛、电子邮件等多种应用软件进行实时互动，达到阅读与评论的同步。

（5）手机支付的便捷性。移动出版的优势是手机可以作为个人信用系统，如今手机支付十分便捷，可用微信支付、支付宝支付等，“无现金”消费已经成为许多人的消费习惯。手机在低小风险的小额支付应用上，已经成为方便的认证模式和支付手段，对用户手机支付习惯的培养，有望推动其他数字出版形态支付习惯的形成。

（三）政策利好

移动互联网发展已成为全球性热点问题，数字出版业的产品生产、传播渠道、经营管理都经历着重大转型，传统和数字出版企业竞相推出面向移动端的出版产品和服务。近年来，为了推动我国数字出版产业及移动出版的快速发展，国家相关部门陆续颁布了一系列鼓励性的政策，并取得了良好效果。政策带动着产业变革，科技与出版融合加深，数字出版行业政府投入加大、行业政策日趋完善。

2016 年发布的《国民经济和社会发展第十三个五年规划纲要》明确提出“加快发展网络视听、移动多媒体、数字出版、动漫游戏等新兴产业”。这是“数字出版”首次列入国家五年规划纲要，对于数字出版产业的发展具有划时代的意义。如果体现在数据方面，提出的目标为：数字出版总营收保持年均增长速度 17%；国民数字阅读率达 70%；数字化产品和服务在公共文化服务中的采购比例达 40%；产品海外市场收入达 110 亿美元；传统内容资源数字化转换率达 80%。①

2017 年 5 月，中共中央办公厅、国务院办公厅印发了《国家“十三五”时期文化发展改革规划纲要》，提出了“十三五”时期文化发

① 王强：《新闻出版业数字出版“十三五”时期规划要点》，http：//cips.chinapublish.com.cn/chinapublish/rdjj/2016szcb/zlttp/201607/t20160719_174888.htm。

展改革的指导思想、方针原则和目标任务；指出要优化文化产业结构布局，“加快发展网络视听、移动多媒体、数字出版、动漫游戏、创意设计、3D和巨幕电影等新兴产业，推动出版发行、影视制作、工艺美术、印刷复制、广告服务、文化娱乐等传统产业转型升级，鼓励演出、娱乐、艺术品展览等传统业态实现线上线下融合”①。

2014年8月18日，中央全面深化改革领导小组第四次会议审议通过了《关于推动传统媒体和新兴媒体融合发展的指导意见》，对新形势下如何推动媒体融合发展提出了明确要求，强调推动媒体融合发展，要将技术建设和内容建设摆在同等重要的位置；要顺应互联网传播移动化、社交化、视频化的趋势，积极运用大数据、云计算等新技术，发展移动客户端、手机网站等新应用新业态，不断提高技术研发水平，以新技术引领媒体融合发展、驱动媒体转型升级；同时，要适应新兴媒体传播特点，加强内容建设，创新采编流程，优化信息服务，以内容优势赢得发展优势。② 2015年4月，国家新闻出版广电总局联合财政部出台了《关于推动传统出版和新兴出版融合发展的指导意见》，明确了新闻出版业融合发展的主要目标与重点任务。

2015年3月5日，李克强总理在政府工作报告中首次提出“互联网＋”行动计划。“互联网＋”代表一种新的经济形态，即充分发挥互联网在生产要素配置中的优化和集成作用，将互联网的创新

① 《中共中央办公厅 国务院办公厅印发〈国家“十三五”时期文化发展改革规划纲要〉》，网易，http：//news.163.com/17/0508/00/CJSHCJD6000187VI.html。

② 《推动主流媒体的融合发展之路 沿正确方向走稳走快走好》.http：//finance.ifeng.com/a/20140821/12969677_0.shtml。

成果深度融合于经济社会各领域之中，提升实体经济的创新力和生产力，形成更广泛的以互联网为基础设施和实现工具的经济发展新形态。其实，移动出版本身也是“互联网＋手机生产＋出版物”的结果，并且是未来提升出版业创新能力和发展效率的主要手段。通过传统行业与互联网的融合发展，不仅大大提高了生产效率，而且将使我们周围使用的一切都智能化，也都成为移动终端，这样势必为移动出版创造巨大的需求市场。譬如最近几年备受关注的移动终端包括：智能汽车、可穿戴设备、智能机器人等，而这些终端最终都会成为移动出版的终端。①

2015 年，国家先后出台了《关于积极推进“互联网＋”行动的指导意见》《关于促进大数据发展的行动纲要》等，进一步推动了数字出版产业的发展。《关于积极推进“互联网＋”行动的指导意见》指出，到 2018 年，互联网与经济社会各领域的融合发展进一步深化，基于互联网的新业态成为新的经济增长动力，互联网支撑大众创业、万众创新的作用进一步增强，互联网成为提供公共服务的重要手段，网络经济与实体经济协同互动的发展格局基本形成。② 2017 年 1 月，中共中央办公厅、国务院办公厅印发了《关于促进移动互联网健康有序发展的意见》，其中指出要繁荣发展网络文化。把握移动互联网传播规律，实施社会主义核心价值观、中华优秀文化网

① 《2014—2015 年移动出版发展观察》，http：//www.cdpi.cn/xzx/toutiaoyaowen/20150603/13164.html。
② 《授权发布：国务院关于积极推进“互联网＋”行动的指导意见》，新华网，http：//news.xinhuanet.com/politics/2015-07/04/c_1115815944.htm。

上传播等内容建设工程，培育积极健康、向上向善的网络文化。①

政府不断出台政策规范和引导移动出版的发展，为移动出版的健康可持续发展提供了保障。从新闻出版改革发展项目库中有关移动出版项目的增加，到政府管理部门推出《关于推动网络文学健康发展的指导意见》，有关网络文学编辑和编审的管理办法在不断地修订完善，网络文学内容市场一定程度上得以净化；再到李克强总理连续 4 年在政府工作报告中提出要倡导“全民阅读”，这一切均折射出政府扶植引导网络出版内容，提高国民素质的努力。在党和政府的统一部署及推动下，文化产业改革快速推进，产业融合不断加深，科技在出版行业发挥的作用凸显。我国移动出版的整体环境得到了优化和改善，政府投入加大，行业政策日趋良好。

二、当前移动出版业存在的主要问题

（一）内容同质化严重、设计缺乏创新

自 2013 年罗振宇的《逻辑思维》大获成功以来，各界名人、意见领袖纷纷推出了自媒体平台，越来越多的互联网巨头表现出对自媒体的重视。微信公众号如今是实力最强的自媒体平

① 《中共中央办公厅 国务院办公厅印发〈关于促进移动互联网健康有序发展的意见〉》，http：//news.xinhuanet.com/2017－01/15/c_1120315481.htm。

台，其制度比较健全、法规完善，加上微信公众号与政府、大企业、知名媒体等进行合作，内容丰富、影响力很大；搜狐邀请自媒体入驻其新闻客户端；网易邀请自媒体入驻易信、网易云阅读等多个平台，并将网易新闻与易信整合；阿里邀请自媒体入驻来往的公众平台。自媒体结合微博、微信、轻博客、新闻客户端、视频网站等形式，以文字、语音、视频等方式向受众发布信息。

2016 年 11 月 29 日，艾媒咨询发布《2016 年 APP 与微信公众号市场研究报告》，指出 2016 年中国微信公众号数量超过 1 200 万个，相比 2015 年增长 46.2%，预计 2017 年将增长到 1 415 万个。新浪微博上市后公布的下一步产品和战略重点中，就包括了微博自媒体计划。艾媒调查结果显示，52.3%的网民使用微信公众号获取最新资讯。艾媒咨询分析师认为，各行业微信公众号不断增多，网民已将公众号内容作为解信息主要途径之一。①

在自媒体蓬勃发展的同时，其同质化严重、缺乏优势内容等问题也显现出来。不少微信公众号上难觅有价值的原创内容，多数文章是抄来抄去，只是改了个标题，或者跟风编造一些大同小异的故事。而一些公号为了吸引公众的眼球，以赚取利润，甚至推送一些低俗色情的内容。

数十家微信公众号都在转发同一篇文章，大家对此已司空见

① 《艾媒报告：2016 年微信号数量超 1 200 万，大多网友因推送内容少而退订》，http://www.sohu.com/a/120221753_544821。

惯不以为怪。不仅自媒体如此，许多媒体开设的公众号也存在此现象。毕竟这些点击率很高的热门文章能够快速"吸粉"，在尊重版权的前提下合法转载，已成为微信平台的惯例。但仔细思量跟风转载其实是不合适的，尤其是一些以内容生产为核心的媒体机构，不致力于优质内容的打造，却将内容搬来搬去，不由让人对其生产能力和影响力大为质疑。同质化是众多微信公众号面临的问题之一。公众号内容究竟是跟风推送"爆款"文章、还是静下心来坚持原创？媒体公众号在融合发展转型升级中能否起到积极作用，都是应该深思的。

由于媒体公众号较为重视原创版权，大多是在经过原作者同意或标注来源的前提下转发第三方媒体的内容，因此很难从法律法规与职业道德上指责，但这对媒体公众号的长远发展显然是不利的。不但文章同质化，甚至这些公众号的"软文"也大同小异。作为媒体和自媒体在微信平台的营利来源之一，营销广告如今常常出现在微信公众号中。不过，与不少自媒体或"段子手"将广告巧妙地隐没在颇具可读性的故事内容中不同，大多数媒体公号的"软文"仍停留在传统媒体广告的直接呈现模式上，既缺少差异性，也容易引起读者的反感。[①]

公众号大量转载文章的原因在于原创内容的缺乏。如今众多传统媒体陷入发展困境，不少传统媒体上都难觅有深度的原创性报道，如何还能抽出精锐力量进行微信公号的运营呢。因此，转载

---

① 参见刘峣《媒体公号如何破解同质化难题?》一文，新华网，http://news.xinhuanet.com/newmedia/2016-05/05/c_135335477.htm。

其他公众号的文章看起来很省力，背后却是深深的无奈。一些媒体尽管设立了微信公众号，实则是面临转型压力的“急就章”，从业人员对内容运营、营利模式等关键问题还没有掌握。媒体公号的纠结，其实是传统媒体艰难处境的缩影。

情感类公众号是较受用户关注的一类公众号。情感类公众号因其内容创作门槛较低，导致文章的质量参差不齐。其内容同质化现象也很严重，大部分情感号的内容薄弱，思想观点单一，缺乏深度。随着受众能获得的信息越来越趋于多样性，单纯的文字已经不再能满足受众的阅读需求了。为了进行革新，不少情感类公众号选择了“内容＋音频”的形式，这些公众号会在推送的文章中插入音乐渲染气氛，引导受众进入文章设置的情境中。但由于情感类公众号的竞争愈演愈烈，情感号不仅仅满足于插入纯粹的音乐，还在文章中插入朗读文章与配乐结合的音频，营造了一种电台一般的效果。这种形式最早出现在情感类大号“十点读书”中，并获得了广大受众的认可，2017 年 3 月，其粉丝已突破 1 500 万。近期从众多情感类公众号中突出重围、半年吸粉 1 100 万＋的公众号——“夜听”，也是采用这个方式，甚有赶超情感大号“咪蒙”之势。

移动阅读 APP 是移动出版的一个重要组成部分，而考察移动阅读 APP 可见，大部分 APP 在内容资源聚集，排版设计，产品营销策略上趋于雷同，尚未形成差异化发展格局。尤其在网络原创文学方面，打开一些知名的阅读 APP 如 QQ 阅读、微信阅读、掌阅 iReader、网易云阅读等，可以看出文学作品内容的同质化比较严

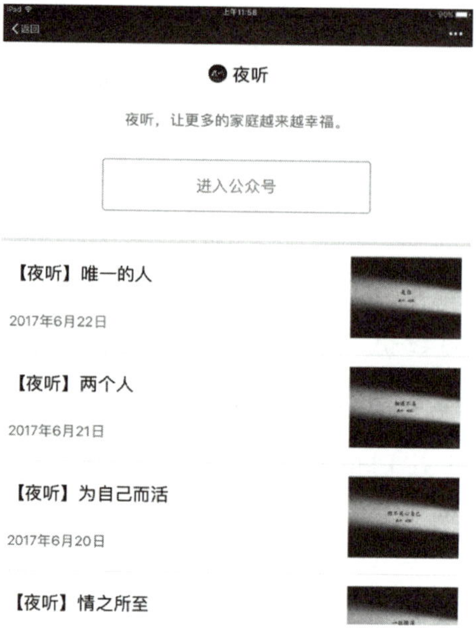

图 4－1 “夜听”公众号

Jimu.FM
专注于新媒体行业工作内推

预估增长粉丝数	公众号ID	公众号名称	公众号类型
6 945 434	mimeng7	咪蒙	情感
5 465 796	CCB_elutong	中国建设银行	财经
5 320 839	youshucc	有书	情感
4 897 838	yiqiqingsongchou	轻松筹	财经
4 515 347	duhaoshu	十点读书	情感
4 456 953	molixiangce	魔力相册	情感
3 827 322	gaoshi222	老王搞事	综合
3 320 876	SF_FWRX4008111111	顺丰速运	品牌
3 186 997	cxldb001	六点半	综合
2 663 341	sl3min	赛雷三分钟	综合

数据来源 西瓜数据

图 4－2 2017 年 3 月成长速度最快的微信公众号①

① 木木夕：《同质化严重的情感号，还有没有做下去的必要?》，http://www.onlinecq.com/m/webcollege/web/exp/2017/0410/27807.html。

重，穿越小说、灵异修仙、总裁文等品种大行其道，大部分作品的文学艺术价值不高。其内容、结构也是程式化的，写作粗制滥造，有些还宣传了不正确的人生观、价值观。在激烈的市场竞争中，明确市场定位，扬长补短尤为重要。移动阅读 APP 要想屹立于竞争之林，首先要进行目标市场定位，然后根据目标市场读者的需求特征，进行产品资源整合，制定出营销策略，提升市场辨识度，实现个性化、差异化发展。专注是互联网时代的生存法则，面对纷杂的商品市场，唯有专注才能集中力量发挥特色，唯有特色方能吸引读者注意力，形成市场竞争力。[①]

(二) 内容低俗化的现象泛滥

更为恶劣的是，一些移动 APP 和微信公众号中，充斥着大量低俗色情的内容。比如一个名为“低俗小诗妹”的公众号，从标题到内容都十分恶俗，图片中的人物穿着暴露，逗挑意味十足，简直不堪入目，推送的视频也非常庸俗。例如，该公众号 2017 年 6 月 13 日推送的文章有《小伙砸，你这样钻到美女的衣服里真的好么？》《男人喜欢睡年轻姑娘，竟是因为……》《妹子高难度动作，这叫声也吓人》等，而类似的还有“男人真相”“男人女人”“美女妹子图”等一大批推送低俗、挑逗性内容的公众号。还有些公众号中推送“成人保健品”“约会交友”等低俗广告。

咪蒙创办的公众号“咪蒙”，是一个号称有千万用户的大

① 参见蒋多、杨矞：《互联网时代的阅读产业》，北京：知识产权出版社，2016 年，第 41—42 页。

号，2017 年 6 月因推送低俗内容而被禁言。咪蒙的文章被称作“毒鸡汤”，她本人在网上被称为媚俗女皇。咪蒙在公号上宣扬她的助理月薪 5 万元、实习生哭就滚回去哭之类的论调，还推送了《咪蒙：我为什么支持实习生休学？》《致贱人》《致 low 逼》等观点非常偏激的文章，大有“语不惊人死不休”之势，甚至有挑起社会矛盾的隐忧。咪蒙被禁言前发布的头条推送为《嫖娼简史》，其中写了大学生嫖娼的故事：全宿舍 8 个人齐心协力，“众筹”400 元叫了一个小姐。还讲了其他一些大学生嫖娼的故事，观点之低劣非常罕见。这些低俗的文章，流露出了不正确的世界观、人生观和价值观，而且用语粗鄙，对青少年会起到什么样的误导作用是可想而知的。

表 4－1 咪蒙公众号的部分文章题目

日 期	标 题
2017 年 6 月 6 日	嫖娼简史
2017 年 6 月 5 日	我有个春梦，你跟我做吗？
2017 年 6 月 2 日	傻逼！我的性取向是你！
2017 年 5 月 31 日	你的胸（・人・），我的胸[・・]
2017 年 5 月 26 日	我和梦想之间，只差钱钱钱钱钱钱钱钱钱钱
2017 年 5 月 24 日	“我要对小三好点，她为我牺牲了很多”
2017 年 5 月 24 日	你们的童年阴影，是我做梦都想要的
2017 年 5 月 23 日	老娘化不化妆，关你屁事啊

作为一个山东大学毕业的文学硕士，咪蒙却“目光敏锐”地认定粗鄙、格调不高，反“鸡汤”的文章可以引起大众共鸣，更能获得

商业价值。和"性"相关是咪蒙取标题的套路之一：不管什么类型的文章，标题都要努力地向"性"上靠，而且多用设问、反问等语气，引起受众的好奇心，如《"裙子那么短，你穿出去给谁看？"》《我有个春梦，你跟我做吗？》等。标题具有刺激性，即使文章本身和"性"没有什么关系，也要努力使读者产生联想。当看到《有一样东西，比男人的尺寸更重要》这个标题的时候，读者可能被"男人的尺寸"吸引了，于是点击查看内容，发现这其实是一篇讲一个男人的人品有多重要的文章，而看到最后此文竟然是"优信二手车"的广告。2018 年 6 月 29 日推送的《毕业那天，我老板对我做了这种事……》，其实是讲她如何为公司的几个实习生筹划毕业惊喜。作为吸金的公众大号，据说咪蒙头条广告卖 68 万元，而另外有些八卦账号能轻松拿到上千万元融资，实际上它们却没有产生任何社会价值。作为自媒体，提供的内容应该是积极向上的。运营着一个 1 000 万订阅户的大神级自媒体的咪蒙，还是应该好好反思一下自身的道德水准和社会责任。

国家加大监管力度，已经几次关闭了不少低俗公众号。如国家广电总局针对腾讯公司违反国家规定，传播自采自制的时政社会类视听节目、直播新闻节目，大量播放低俗节目及腾讯微信公众号、移动客户端播放视听节目管理中存在的其他各种问题作了处理。国家新闻出版广电总局相关业务司局 2016—2017 年 4 月底，先后 4 次约谈了腾讯公司相关负责人，指出其行为已严重违反《互联网视听节目服务管理规定》，扰乱了互联网视听节目服务秩序。

在约谈的同时，根据属地管理责任制的原则，国家新闻出版广电总局要求腾讯所在地的省级广电行政部门组织腾讯网进行全面整改，并依法对其违规行为进行处罚。在整改期间，管理部门部分暂停受理其引进相关节目的申请。

2017 年 4 月，央视曝光了“今日头条”等客户端不定期向用户推送“艳俗”直播平台的行为，从其推送的直播链接可进入“火山直播”板块，里面有大量女主播穿着性感暴露，不乏一些低俗不堪的画面内容。对于今日头条出现涉黄问题，独立 IT 分析师付亮表示，从目前的整体情况来看，火山直播本身并没有被界定为是色情传播平台，否则平台负责人早就该被约谈，而平台也会被举报并做关停处理。

“从运营的角度来说，今日头条的运营管理是不到位的”。付亮认为，对今日头条而言，主动严格监管广告内容势必会影响其商业利益，但放松监管又会对平台信誉产生影响，这背后存在不小的博弈。[①] 而笔者 2017 年 6 月 18 日打开“今日头条”客户端观察到，别说社会、娱乐等频道了，即使在所谓“文化”“历史”等频道，也充斥着大量低级趣味的内容，和色情打着“擦边球”，《什么是通房丫头》《为什么古代女人宁愿自杀也不愿意坐牢？》这类“文化”“历史”知识不由让人齿冷。经过国家的一再整顿，特别是 2017 年年底的严厉整顿后，今日头条主动严格监管情况有所好转。而治理移动出版的低俗现象任重道远，还需要全社会的共同努力。

---

① 《揭秘：头条推送低俗内容的背后真相是什么？》，搜狐网，http：//www.sohu.com/a/135996324_544821。

（三）移动出版产业链构建及商业模式有待进一步探索

移动出版依然处在培育用户和产品的发展阶段，由于市场环境尚不成熟，不管是付费阅读、广告植入，还是通过提供增值服务来收费都还在探索之中，并没有形成清晰的营利模式。对于一些互联网企业来说，鉴于其在移动互联网版图的整体布局和规划，凭借着雄厚的实力强势介入移动出版，短期之内并无营利压力；而对于传统出版企业而言，迫于营利压力，贸然涉水可能带来的负面后果将不堪设想，因此，探索成熟的移动出版营利模式是非常紧要的事情，但也十分不易。

学界与业界已有不少研究者对移动出版产业链和商业模式的问题和对策进行了研究。如有研究者抽取 12 个具有代表性的手机阅读平台，主要调查内容包括用户体验、收费模式、内容资源、行业标准及版权机制 4 个方面。发现我国手机阅读平台的主要问题有：用户体验有待提升，缺少互动；手机阅读收费模式缺乏创新；优质资源稀缺；行业标准不统一；版权机制需进一步完善等。其提出的相关对策有：完善用户体验，提倡健康阅读；建构与手机传播和受众特征相适合的内容生产模式；开创互利共赢的高效版权机制；完善手机阅读产业链，建立合理分配机制。并且认为合作的基础是建立合理的分配机制，以日本为例，手机阅读产业链上作者和出版社能得到利润的 50％，手机阅读平台开发商、手机图书中盘手、移动运营商分别获得 30％、10％、10％，这种分成机制较好地促进了手机阅读产业链发展。①

而《2014—2015 中国数字出版产业年度报告》分析指出，目前移动阅读的价值尚有待深入开发，众多企业在这个市场中经营、竞争。移动阅读企业进一步尝试推广付费阅读、广告营利。主流的阅读 APP 都具有换字体、背景等功能，本地化、智能化扫描，云端阅读、付费打赏、社交等功能不断开发。个别 APP 靠正版内容已经可以实现盈亏平衡。总体来看，用户的付费意愿都在大大增加。网易云阅读报告显示，用户付费情况表现出明显的长尾效应，存在一群高付费用户，他们占总付费用户比例的 8.9%，却贡献了近 70%。这说明网民阅读付费习惯还在培养阶段，在高付费群体中，男性占 85.74%，26—30 岁上班族比例较高，本科生以上学历占 52.9%，地域分布主要在浙江、广东、北京、上海。②

《刍议移动互联网对数字出版发展的影响》一文，认为移动互联网将改变内容创作模式、数字出版产品与服务的形态，以及数字出版的商业模式。并提出一些应对措施：一是加大电子书的开发与营销。目前国内一些比较活跃的出版社如中信出版社等已经在尝试采用新书和电子书同时发售模式，而且中信出版社 2013 年电子书销售收入就接近 2 000 万元。二是研发适合移动互联网传播特点的产品与服务。数字出版真正的突破在于适合新媒介出版传播的产品与服务的出现，而当下具代表性的产品主要是各类 APP

① 谭纯：《我国手机阅读平台内容调查分析与对策研究》，《出版发行研究》2011 年第 11 期，第 59—62 页。

② 《2014—2015 中国数字出版产业年度报告》，北京：中国书籍出版社，2015 年，第 196 页。

应用，出版单位应根据业务的专业化优势开发特点鲜明的数字出版产品与服务，比如在教育出版领域，可研发基于移动端的教育资源；专业出版领域，创建特色专业知识资源库逐步成为业界共识。三是推进内容出版向数据服务、知识服务的转变。出版已然进入了大数据时代，谁掌握了数据，谁拥有知识，谁就将成为行业的主宰。而出版社尤其是科技、医学类（STM）的专业出版社长期服务于所属专业领域，开展专业知识数据服务更具有得天独厚的天然优势。这样一来，就拓展延伸了出版社的服务领域，实现了由出版领域向数据服务、知识服务领域的延伸，这也是时下数字出版创新的一种潮流。①

2017 年 3 月 12 日，“阿司匹林博物馆”线下咖啡馆开业，为情感类公众号树立起了“内容＋线下模式”的新标杆，意味着情感号将有了新的发展出路，从线上发展到线下。由于情感类公众号自身的个人化标签，以及粉丝在公众号里寄托了自己的情感，所以当公众号从线上走到线下之后会引起一定的粉丝效应，获得粉丝的支持，形成粉丝经济。不过这不是第一个开实体店的公众号，在 2016 年 9 月星座运势自媒体大 V“同道大叔”在上海就开了一家“同道大叔星座咖啡店”，吸引了众多粉丝消费，进一步实现了流量的转化。

湛青的《我国出版社少儿阅读类 APP 经营策略初探》，指出目前少儿阅读类 APP 总体上发展良好，但也面临同质化严重、营利

① 秦绪军：《刍议移动互联网对数字出版发展的影响》，《出版发行研究》2016 年第 1 期，第 41—43 页。

困境等难题。我国出版社主要通过以下几种经营策略来拓展少儿阅读类 APP 市场：自主研发并推广少儿阅读类 APP，如外研社、华东师范大学出版社；与技术商合作开发并推广少儿阅读类 APP，当前我国大多数出版社采取的就是这种模式，如长江少儿社与台湾地区学习工厂展开全面合作；依靠专业机构或公司运营少儿阅读类 APP。只有灵活利用适合自身发展的经营对策，强化内容资源开发，重视用户需求，才能真正促进少儿阅读类 APP 产品的健康发展。该文提出注重开发内容资源，创新产品设计；注重用户需求，强化市场营销与推广；采用适当的营利模式等发展建议。

不少微信公众号的营收模式建立在广告和软文上，每推送一篇软文的报价从数千元到数万元甚至数十万元不等。中国互联网信息中心相关数据显示，2015 年有 75.3%的企业选择微信平台做移动端品牌营销推广。对于知名度高的微信公众“大号”而言，年入千万不是梦想。对于一些中小型公众号而言，只要运营得当，粉丝基础好，一年也能够获得数十万乃至上百万的收入。但是更多的小型公众号想营利还是比较困难的。

（四）我国移动数字版权保护问题

我国版权意识本来就薄弱，加上对数字版权保护思想认识存在偏差等问题，使得版权问题在移动出版产业链上非常突出，非法复制和传播现象屡禁不止，严重挫伤了内容生产商开发优质数字资源的积极性，影响了移动出版业的健康发展。由于移动网络传播更为便捷，盗版图书、软件、音像制品等的成本非常低，侵权方式也更为隐秘；移动出版中侵权盗版行为量大且分散，维权更加困难；版权归属更加复杂，特别是对于海量运营版权内容的企业，要甄别多个权利主体并进行版权约定和收入分配，困难越来越大，对版权保护问题进行深入研究，对于推动移动出版产业的繁荣发展是很有必要的。

对于信息网络传播侵权为何频频发生，有学者认为首先是制度方面的原因，我国在制定相关法规时，针对网络环境下的特殊利益格局，在借鉴国外经验基础上，设定了一系列体现特定利益平衡关系和价值取向的法律规则，如“通知与删除”规则，限制网络服务提供者侵权责任的“避风港原则”等，但不少网络服务商和内容提供商将其滥用，作为推诿责任的挡箭牌，从而使得网络侵权现象频发。取得著作权法意义上的信息网络传播权，是出版行业规避网络侵权风险的必要条件，并且对如何取得著作权法意义上的信息网络传播权进行了充分探讨。[①]

有学者在厘清移动互联网、数字版权保护等相关概念的基础上，分析了版权保护中存在的问题，如盗版、侵权、收益不畅等，并进一步分析其成因；以及国内外先进的移动互联网版权机制，如“APP Store”的模式、“QQ 音乐”的模式等；并提出“移动环境下的数字版权生态链”并在法律法规、政策监管和技术措施等方面提出建议。[②] 这些都比较有针对性。

① 余化刚：《移动互联网时代：出版行业网络侵权风险及其规避》，《出版参考》2014 年第 1 期。

② 韩中华：《移动环境下的数字版权生态链》，《科技传播》2016 年第 7 期（下），第 83—84 页。

以优质IP为核心的版权综合运营，不仅可以实现其价值的多元化、多角度开发，还可以克服运营中因关联度低而存在的各种缺陷。随着传统出版单位媒体融合的发展，伴着更加激烈的出版产业竞争，知识产权运营将成为一种主要的发展模式，推动出版产业乃至移动出版产业未来新的发展。

国家不断加大对盗版的打击力度，如今大众可以在国家新闻广电出版总局、国家版权局的网站上举报侵权盗版行为。而且明确指出涉及的侵权盗版行为包括了“互联网网站、网络销售平台、移动智能终端应用软件商店”等移动出版版权相关领域。《侵权盗版举报》指出：“感谢您对版权保护工作的支持，欢迎您举报有关文字、影视、音乐、游戏、软件等作品以及互联网网站、网络销售平台、移动智能终端应用软件商店等领域涉及侵权盗版的违法行为。举报时最好能提供侵权盗版样品，提供样品时请写清样品来源。我们将按照‘分级负责、属地管理，谁主管、谁负责，谁调查、谁答复’的原则，受理您反映的属于我们受理范围的举报。我们将对您的举报进行认真研究和处理，对您所提供的个人信息，我们将严格保密。对举报信息翔实的案件，我们将优先受理。”①

（五）对于发达国家移动出版的发展模式的研究借鉴不足

国外发达国家数字出版、移动出版比我国起步早、发展快，移动出版发展比我们远为成熟，法律体系也较为完善，其发展模式对

① 《侵权盗版举报》，国家新闻出版广电总局网站，http：//www.gapp.gov.cn/sapprft/channels/6979.shtml。

我国有很强的借鉴意义。但国内业界和学界对此研究还比较欠缺，现有的论著非常少。

国外研究者对数字和移动出版的软件、APP、电纸书、系统浏览器等技术，以及如何制作数字出版物的研发已有不少研究，其成果有许多值得我国借鉴之处。如《哥伦比亚数字出版导论》（*The Columbia Guide to Digital Publishing*）、《移动出版及移动信息服务》（*Mobile information services enabled by mobile publishing*）、《数字出版手册》（*The Handbook of Digital Publishing*）等著作及文章就是围绕这些主题展开的。D. T. Clark 等研究了用户对 kindle 的认知和使用情况，发现 kindle 阅读器的分辨率和黑白颜色限制了对学术文章中图表的阅读，自然科学类文章的读者尤其感到局限。[①] Darroch 等认为，文本的可读性和易读性是影响用户的阅读绩效及其对移动媒体满意度的两大指标。[②] Jung J 研究发现，电子阅读器的使用与年龄、教育、收入、对印刷文献的需求，电子阅读器的拥有情况、个人创造力和电子阅读器的特性有关。[③]

---

① Clark D. T., Goodwin S. P., Samuelson T., et., A qualitative assessment of the Kindle e-book reader: Results from initial focus groups, *Performance Measurement and Metrics*, Vol.9, No.2, 2008.转引自茆意宏：《移动互联网用户阅读行为研究》，北京：中国社会科学出版社，2016 年，第 2 页。

② Darroch I., Gooodman J., Brewster S., The Effect of Age and Font Size on Reading Text on Handheld computers, *Lecture Notes in Computer Science*, 2005. 转引自茆意宏：《移动互联网用户阅读行为研究》，北京：中国社会科学出版社，2016 年，第 4 页。

③ Jung J., Chan-Olmsted S., Park B., et., Factors Affecting E-book Reader Awareness, Interest, and Intention to Use, New Media & Society, Vol 14, No. 2, 2012. 转引自茆意宏：《移动互联网用户阅读行为研究》，北京：中国社会科学出版社，2016 年，第 3 页。

Kenichi IShii 是日本最早对“手机媒体”和“移动网络”进行研究的学者之一，他收集了大量数据并对其进行了分析，重点探讨和研究了日本 I-mode 模式在出版、通信行业以及人们日常生活等方面的作用和影响。

有国内学者分析指出，日韩手机出版产业对我国有以下几个方面的启示：一是从技术角度来看，推动硬件设备升级，为手机出版内容打造良好的载体。硬件设备不断创新升级、3G 的实现与媒体融合化趋势等技术领域的发展，推动着手机媒体表达模式与功能不断丰富，特别是应用性功能日趋强大。比如最新日本手机阅读终端已具备普通电脑的所有功能，并搭载了 onesegu 数字电视系统；而韩国为满足消费者的多元化需求，甚至将智能手机改造成电视遥控器并绑定各种音频、视频增值内容。二是从内容角度来看，发挥各自优势，以丰富的内容资源吸引受众。就手机出版内容而言，日韩两国分别借助自身优势产业助跑手机出版产业：日本手机出版内容中动漫的比重较大，占据了手机出版 75%的份额，动漫出版商纷纷加盟手机出版的内容开发。而韩国则以手机小说最为流行，由于传统出版商的参与，韩国手机图书资源非常丰富且价格低廉，一次下载后便可永久享用，这一收费方式吸引了很多消费者。同时韩国游戏产业也不甘示弱，一些大型游戏生产商将各类单机版游戏与网络游戏开发为手机游戏。三是从产业链角度来看，产业链逐渐完善，营利模式趋于成熟清晰。手机出版产业利益链条各方创造了良好的合作模式，在运营商与内容提供商之间较早便形成了较为稳定的利益分配模式。因此日韩手机出版市场发展迅速，进入快速增长期。[①]

通过分析培生集团、爱思唯尔集团、汤姆森路透、阿克塞尔施普林格等的发展现状，有学者总结了国外数字出版发展的一些先进理念：一是数字化对出版业是挑战，更是机遇。国际领先出版企业都积极采取措施，主动迎接数字时代。二是出版商数字化转型模式和路径多样，各有千秋。三是传统出版商和网络信息服务商互相渗透，融合加剧。四是出版集团在依托内部资源的基础上，更重视信息技术平台和数字出版技术的研发、应用与服务。五是网络信息服务商依托技术和平台优势，迅速占领大众数字图书消费市场，并呈快速增长态势。六是出版商在数字内容和服务领域的联合是未来出版业向数字化转型的一种有效模式。[②]

刘银娣的《数字出版启示录：西方数字出版经典案例分析》[③]一书，选取国外传统大众出版、教育出版、科技出版行业成功进行数字化转型的企业，以及新兴出版企业包括苹果、亚马逊、谷歌等在数字出版方面的成功经验进行分析，为数字出版教学和出版企业数字化发展提供经验借鉴。陈磊的《日韩手机出版发展趋势解读》，认为韩国和日本手机出版产业发展具有一些相同点，如主要技术发展影响深远，传统出版商参与性强；市场成长迅速，潜力巨大；产业链逐渐成熟，营利模式清晰，很多传统出版商将在传统出

---

① 曹海涛：《日韩手机出版产业发展经验对我国的启示》，《编辑之友》2013 年第 4 期，第 72—74 页。

② 柳建尧、沈楠：《国际领先企业数字出版发展态势观察》，《中国编辑》2012 年第 5 期，第 55 页。

③ 刘银娣：《数字出版启示录：西方数字出版经典案例分析》，广州：世界图书出版广东有限公司，2014 年。

版领域多年来建立起来的企业品牌和产品品牌，延伸到手机出版领域，力争在手机数字出版领域打造强势品牌，这在游戏领域和动漫领域最为明显。但他们在流行趋势和推动力方面存在不同，作者通过比较，提出加快国内出版企业移动数字化转型的建议。目前对发达国家移动出版的研究，与其能提供的先进经验比还是有差距的。

三、对移动出版未来研究展望和建议

2004年，中国人民大学出版社出版了美国著名媒介理论家保罗·莱文森的专著《手机：挡不住的呼唤》。保罗·莱文森以其灵动的文字，从哲学、社会学和传播学等视角，透过技术进化和社会生活的多维视野，对使用手机这一社会现象进行了深刻剖析。该书的翻译出版推进了我国各领域对手机媒体的研究。

2006年，匡文波的《手机媒体概论》、童晓渝等编著的《第五媒体原理》出版，是国内较早的研究手机媒体的著作。《手机媒体概论》具体内容涉及手机媒体概说、手机短信、纸质媒体与手机媒体的握手、手机电视、手机媒体的传播学思考、手机媒体的经营策略、负效应和管理等，比较系统、全面地介绍了新兴的手机媒体的特点及运营方式。《第五媒体原理》依据传播学原理，构建了将手机视作“第五媒体”的基本理论框架，并重点对手机媒体的产业价值链作了解析。其他一些研究出版的专著中也有涉及手机出版的章节，但是大多将之归结为数字出版的一部分，对其分析也是浅尝辄止。此后，新闻传播学界对手机媒体及移动出版的研究出现了专题化、跨学科化等特点。重点从数字出版及移动出版理论、政策和发展方向，移动出版的内容、产业链及商业模式，移动出版产业中的版权保护等一些角度进行了研究。

当前媒体融合已经上升为国家战略，出版业的产品生产、传播渠道、经营管理等都经历着重大转型和变革，有许多经验和教训值得总结。因此，对移动出版进行系统深入的研究具有重要的理论和实践意义。下一步可以重点从几个角度进行研究突破。

（一）加强对移动出版业的可行性对策研究

在分析、总结我国移动出版现有发展模式的基础上，明确制约我国移动出版发展的相关因素，提出改进的建议和策略；探讨移动互联网时代我国出版产业数字化转型的优化路径。只有在产业转型的过程中找准自己的定位和特色，新兴移动数字出版企业及传统出版企业才能获得更好的生存发展空间。具体如实施出版流程再造、构建多元化商业模式、拓展数字出版产业链，以及加强顶层设计，建立包括行政管理、市场服务、知识产权、人才保障在内的政策体系等。如今，内容行业正逐渐被纳入更为宏观的信息服务传播，出版、传媒、教育、服务的行业界限正在被打破，移动数字出版业如何融入这一发展理念也应引起足够重视。

（二）在文化学的宏观视野里考察我国移动出版业的现状、发展趋势和问题

可以采用新闻传播学、文学、社会学、管理学、心理学等跨学科的研究方法，充分归纳总结我国移动出版事业的发展规律，特别注重对出版业面临的现实问题加以探讨、提出对策。此前学界对移动出版读者的研究不够，可从接受美学、受众分析等角度进行移动出版物传播效果的研究，并重视跨学科多种视角的理论阐释。

受众研究方面，对移动互联网用户阅读行为基础理论问题、移动阅读行为模式等加以研究，形成移动互联网用户阅读行为理论框架。结合传播学理论对移动出版对社会和文化，以及用户行为与社会组织方式的深刻影响及变革进行探讨。针对现有调查分析的不足，较全面地对向从业者和受众发放调查问卷、进行深度访谈等。重点对我国各类移动互联网用户的移动阅读需求、移动阅读寻求、移动阅读利用与交流等行为进行调查分析。在对用户的移动阅读行为和策略研究方面，国内外研究对象的选取主要以青少年或者大学生群体为主，少数研究关注了老年人、残障人士的阅读行为，总体来讲缺乏对不同社会群体的比较分析，有些结论没有上升到普遍的高度，研究成果缺乏系统性和全面性。未来研究应细化用户群体，加强对其他社会群体的研究。研究主题相对狭窄，研究对象单一，缺乏对研究对象的深入挖掘。

（三）注重移动出版产业层面的研究

在移动出版的产业层面，应结合国内外的典型案例研究，对移动出版产业结构及竞争力、内容平台建设、营利模式等作充分剖析；并就移动出版产业存在的问题在业界以及受众中调研，重点从宏观政策、企业自身、科技文化创新、法律保护等几个层面进行研究并提出可行性建议。并且深入发掘、做好个案研究，如中国移动“咪咕阅读”、今日头条 APP、微信、掌阅 iReader、喜马拉雅听书等。同时注重比较研究方法，主要是对中外出版业中有关联的现象及问题进行比较研究，引进国外移动出版产业实践中的案例，进行中外移动出版产业政策及发展状况的比较，比如我国移动出版模式与国外亚马逊 kindle 模式、苹果 ipad 模式等的比较。探索其经验和教训。注重产业发展纵向、横向两方面的比较研究。

（四）在研究方法上进行突破

现有的一些研究成果仍然呈现出一定的随意性、感想式的特征，对于问题的表象描述较多，调查分析、定量分析略显不足，对策建议则有些程式化和空泛，针对性不够强。今后研究可以将定量与定性分析相结合，并充分运用社会调查等方法，在一手资料的基础上进行归纳分析，并结合“互联网＋”理念，以及“大数据”“云出版”“移动场景”等新的分析模式，提出可行性强的对策建议。

思维影响格局。大数据技术、人工智能等带来的新一波浪潮，为我国数字出版产业发展提供了新动力，同时为传统出版转型升级展现了更广阔的思路。而移动互联网的迅猛发展，将极大地推动数字出版技术和服务模式等的创新。新媒介的不断发展，进一步拓展了内容传播渠道和生产模式。有学者分析，未来一段时间里我们可以看到如下发展趋势，即媒体融合发展进程加快；数字教育出版迎来迅猛发展；大数据应用影响内容生产方式；移动互联网数字产品实现全面突破；内容呈现趋于多屏融合与互动。当多屏实现融合互动，将实现信息内容传播效果的最大化和内容呈现的极大丰富化、立体化。[①] 因而数字出版的相关理论可能会围绕媒体融合、互联网思维、大数据等理念而进一步深入和升华，且对现实更具有指导意义。

---

① 《转型升级之年的中国数字出版——2013—2014 中国数字出版产业年度报告（摘要）》，《出版发行研究》2014 年第 9 期，第 9 页。

第五章　移动互联环境下阅读类APP的发展瓶颈及对策研究

近几年，移动互联网、大数据、云计算、物联网、语义分析等技术的发展和应用，成为社会生活中的新常态，深刻地改变了人们的社会生活和生产方式，以及经济发展的轨迹和社会结构。移动出版由此成为数字出版发展的新亮点。如今使用移动终端进行阅读的人口比例大幅增长，而移动阅读类 APP 也逐渐成为人们青睐的阅读方式。但是移动阅读类 APP 在快速发展的同时也存在不少问题，值得学界业界进一步探讨研究。本章对目前移动阅读 APP 的发展状况加以探讨，重点指出其在内容和设计等方面同质化严重、存在“浅阅读”现象、社交互动和阅读体验不足、营利模式不清晰等问题，并提出相关对策，以期为其产业健康发展提供参考借鉴。

一、移动互联网与移动阅读 APP

移动出版及移动阅读的兴起，与近年来移动互联网的发展密切相关。所谓移动互联网，一般认为是将移动通信与互联网结合起来的新媒体，“移动互联网是指互联网的技术、平台、商业模式和应用与移动通信技术结合并实践的活动的总称”。[①] 移动互联网发展及媒体融合加深，推动了移动出版及阅读的产生及迅速发展。

移动出版是指将内容资源进行数字化加工，以手机、平板电脑、电子书阅读终端等移动设备为媒介，通过移动互联网进行传播的出版行为。移动阅读 APP，则是在智能手机和平板电脑等移动设备中用来进行移动阅读的第三方应用程序。iOS、Android、WP 三大移动操作系统对 APP 模式的推广，使其事实上成为移动互联网应用的核心形式。

移动互联网语境下，信息传播方式和人们的阅读习惯都发生了改变，如今数字出版产业的重点，从电子设备和台式电脑向智能手机以及掌上电脑（PDA）转变，数字出版产业链上的企业，纷纷针对移动端而开发出了出版产品和服务，移动端的收入成为数字出版获利的重要来源。近几年腾讯、百度、阿里巴巴等互联网巨头也参与到移动阅读领域中来，移动阅读 APP 以其移动性、参与性、交

---

① 孟耀：《新媒体与数字出版》，大连：东北财经大学出版社，2015 年，第 83 页。

互性等特点，激发了用户阅读、传播与评论的热情。在移动互联网飞速发展的社会大环境中，面对新的挑战与机遇，传统出版单位也竞相加快在移动端的战略布局，多角度、多方面提高在移动互联网大潮中搏击的实力，塑造企业品牌和形象，努力实现自身的出版战略转型。

二、移动阅读的发展背景和国家政策支持

（一）移动互联网发展促使媒体融合加深

2017 年 1 月，中国互联网络信息中心（CNNIC）发布的第 39 次《中国互联网络发展状况统计报告》显示，我国的网民规模已达 7.31 亿，而手机网民数量达 6.95 亿，占比达 95.1％。移动互联网与线下经济的联系也越来越紧密。2016 年，我国手机网上支付用户规模增长迅速，达 4.69 亿，年增长率为 31.2％，网民手机网上支付的使用比例由 57.7％提升至 67.5％。手机支付向线下支付领域的快速渗透，极大丰富了支付场景，有 50.3％的网民在线下实体店购物时使用手机支付结算。①

在移动通信网络环境快速发展，以及智能手机和掌上电脑的用户较快增长的情况下，使用移动互联网应用的用户越来越多，而且这些应用也越来越便利，推动了手机和平板电脑等上网使用率

① 《CNNIC 发布第 39 次〈中国互联网络发展状况统计报告〉》，http：//www.cnnic.net.cn/gywm/xwzx/rdxw/20172017/201701/t20170122_66448.htm。

持续增长。这种情况下，即使只考察手机这一当前移动出版最主要的载体，其用户数量也在不断增加。今后数字内容市场进一步加强规范而日趋成熟，依靠大数据和云计算等技术手段，移动出版可将更具有个性化的优质内容传输到受众手里，并成为受众随时、随地得以阅读的主要方式，使倡导全民阅读、提高国民素质的目标更有操作性。

中国要成为有影响力的全球性大国或"文明型国家"，就要在新时期全球战略中补上文化战略这个短板，积极寻求与域外民众共同构建"可分享价值"。移动互联网发展已成为全球性热点问题，数字出版和移动出版产业越来越受到国家重视。李克强总理连续 4 年在政府工作报告中提出要倡导"全民阅读"，移动阅读发展的社会环境日趋良好。

（二）国家相关政策支持

近几年，国家相关部门颁布了一系列鼓励性的政策，以促进我国数字出版及移动出版产业的快速发展，并取得了良好效果。2016 年发布的《国民经济和社会发展第十三个五年规划纲要》明确提出"加快发展网络视听、移动多媒体、数字出版、动漫游戏等新兴产业"，这是"数字出版"首次被列入国家五年规划纲要。[①]

2014 年 8 月 18 日通过的《关于推动传统媒体和新兴媒体融合

① 《王强：新闻出版业数字出版"十三五"时期规划要点》，http://cips.chinapublish.com.cn/chinapublish/rdjj/2016szcb/zlttp/201607/t20160719_174888.html。

发展的指导意见》强调，“要积极运用大数据、云计算等新技术，发展移动客户端、手机网站等新应用新业态，不断提高技术研发水平，以新技术引领媒体融合发展、驱动媒体转型升级”。① 2015 年 3 月 5 日，李克强总理在政府工作报告中首次提出“互联网＋”行动计划。而移动出版本身也是互联网＋手机生产＋出版物的结果，并且是未来提升出版业创新能力和发展效率的主要手段。通过传统行业与互联网的融合发展，不仅大大提高了生产效率，而且将使我们周围使用的一切都智能化，这样势必为移动出版创造巨大的需求市场。②

2015 年，国家出台了《关于积极推进“互联网＋”行动的指导意见》，进一步推动了数字出版产业的发展，其提出的发展目标是：“到 2018 年，互联网与经济社会各领域的融合发展进一步深化，基于互联网的新业态成为新的经济增长动力，互联网支撑大众创业、万众创新的作用进一步增强，互联网成为提供公共服务的重要手段，网络经济与实体经济协同互动的发展格局基本形成。”为推动文化产业进一步发展，国家不仅进行政策引导，而且在资金上也给予大力扶持。2015 年，中央财政下达文化产业发展专项资金 50 亿元，共支持项目 850 个；2016 年中央财政下达文化产业发展专项资金 44.2 亿元，支持项目 944 个。③ 2013，国家有关部门推出了首

---

① 《推动主流媒体的融合发展之路 沿正确方向走稳走快走好》，http：//finance.ifeng.com/a/20140821/12969677_0.shtml。

② 《2014—2015 年移动出版发展观察》，http：//www.cdpi.cn/xzx/toutiaoyaowen/20150603/13164.html。

③ 《财政部下达 44.2 亿元文化产业发展专项资金》，新华网 http：//news.xinhuanet.com/2016－08/05/c_1119342868.htm。

批70家传统出版数字化转型示范单位；2015年又公布了第二批100家数字出版转型示范单位。

政府不断出台政策规范和引导移动出版的发展，为移动出版的健康、可持续发展提供了保障。与移动出版有关的项目，在新闻出版改革发展项目库中有所增加；政府管理部门还制定了《关于推动网络文学健康发展的指导意见》，努力规范净化网络文学的内容市场，引导作者创作精神面貌积极向上的优秀作品。这一切均折射出政府扶植引导健康向上的网络出版内容、注重人们精神需求的努力。

三、移动阅读 APP 的分类及其特点探究

随着移动互联网的飞速发展，通过手机、ipad 等移动阅读终端便捷地获取资讯的方式日渐成为主流，尤其是移动阅读 APP 等阅读媒介的发展演变，可谓一日千里，而各大阅读 APP 在移动资讯市场展开的角逐也越来越激烈。

（一）移动阅读 APP 的分类及特点

据《互联网时代的阅读产业》一书中对移动阅读 APP 所作分类，从内容上可分为资讯类、图书类、杂志类；从形式上分为平台模式、单行本模式、系列图书模式。[①] 大多数 APP 采用了平台运营模

① 蒋多、杨斋：《互联网时代的阅读产业》，北京：知识产权出版社，2016年，第41页。

式，比如网易云阅读、QQ 阅读、起点读书、多看阅读、百度阅读等；也有少量图书类 APP 采用单行本模式和系列图书模式，比如《三体》《解读敦煌》等。平台 APP 是用户只需要下载一个应用，就可以在上面随意选取喜爱的电子书，然后免费或者付费下载、离线或在线阅读。单本书 APP 则是指将单本电子书应用化，将电子图书做成应用软件，然后在苹果商店或安卓市场上销售。两者相比，平台 APP 优势更为明显，如成本低，价格可以随时调整，入口单一，所占内存较少等。而单行本 APP 大多是出版社为了重点打造某一图书品牌所采取的营销措施。例如华东师范大学出版社的“解读敦煌”系列 APP，其中包含 13 个单行本 APP。这就需要出版单位从内容、设计、销售、宣传、推广等多个角度加强对 APP 的设计把关。毕竟单行本不同于平台类 APP，每一次阅读都是一次单独的下载和付费行为。①

而从其运营商的类型来看，移动阅读 APP 大致可以分为以下几类：原创文学网站类，如潇湘书院、红袖添香、塔读文学等，这一类 APP 是原创文学网站向移动端的转移，借助于原创文学网站的丰富资源和运营模式，获得了稳健的发展；门户网站类，这一类主要是由新浪、百度、凤凰网等门户网站的文学、读书类频道开发而来的 APP，借门户网站的影响力，此类 APP 也有着较稳定的受众群体；移动端创业类，这一类 APP 是特意为移动终端研发设计的，非常注重创新，用户体验较好，在移动用户中有较大的知名度和影

---

① 蒋多、杨裔：《互联网时代的阅读产业》，北京：知识产权出版社，2016 年，第 41 页。

响力，如安卓读书；电子商务类，这一类主要是由电子商务网站的读书频道发展而来，是电商网站抢占移动阅读 APP 市场的尝试，如京东阅读、当当读书；电信运营商类，三大电信运营商很早就致力于倡导移动阅读，形成了较为成熟的模式，这一类型 APP 的上线，也是 APP 阅读模式越来越普及的情况下，电信运营商进行的战略调整，如咪咕阅读、天翼阅读、沃阅读等；其他类，主要包括内容提供商、图书策划公司、出版传媒企业等上线运营的 APP，如中信飞书，这些 APP 整体来看影响力不大。[①]

据 Analysys 易观分析，截至 2016 年年末，中国移动阅读市场规模已达 118.6 亿元，基于目前商业模式稳定、产业发展相对成熟的发展情况可以推测，未来行业收入增速将保持匀速增长。Analysys 易观发布的《中国移动阅读市场季度监测报告 2017 年第 1 季度》数据显示，掌阅 iReader 以 22.95%的用户渗透率继续位居行业第一，QQ 阅读本季度用户渗透率达 22.48%，位居行业第二。爱阅读 APP 的活跃用户规模环比下降明显，其他平台 APP 排名与渗透率变化不大。本季度 3—6 名的产品依次为咪咕阅读、书旗小说、天翼阅读、熊猫看书。[②] 掌阅 iReader 的月度活跃用户为 7 269.35 万，而排名第十的“当当读书”活跃用户为 369.62 万，可见即使排名靠前的各移动阅读 APP 之间，对用户的吸引程度差距还是相当大的，而且这种差距与上季度相比进一步拉大了。[③]

---

① 参见王海燕的《移动阅读类 APP 现状、问题与对策研究》一文，发表于《图书馆学研究》2015 年第 1 期。

②③ 易观分析：2017 年第 1 季度中国移动阅读市场，数字阅读开启国际化视角，https：//www.analysys.cn/analysis/22/detail/1000805/。

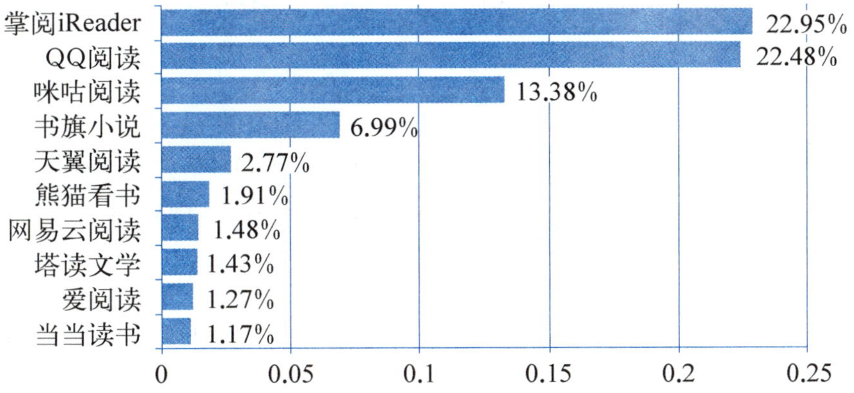

图 5－1 2017 年第 1 季度中国主流移动阅读 APP 活跃用户渗透率情况

资料来源：Analysys 易观分析，https：//www. analysys. cn/analysis/22/detail/1000805/。

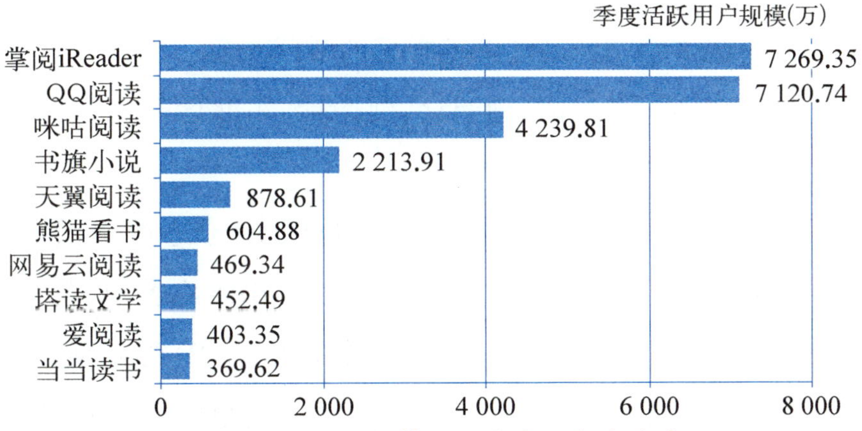

图 5－2 2017 年第 1 季度中国主流移动阅读 APP 活跃用户规模情况

资料来源：Analysys 易观分析，https：//www. analysys. cn/analysis/22/detail/1000805/。

(二)对几个比较典型的移动阅读 APP 的分析

1. 掌阅 iReader

掌阅科技有限公司(简称掌阅)推出的 iReader 移动阅读软件,已成为同类产品中的佼佼者,用户渗透率和用户规模都位居行业第一。掌阅 iReader 单说页面效果就很不错,尤其是在一些设计上,是其他网站远远所不及的。其页面色彩比较丰富醒目,又显得很大气。掌阅 iReader 采用的精排版引擎,使得用户翻页时感觉更流畅,而且支持图文混排、融合多媒体等特点,还能调节滤光、亮度、颜色等,改善了用户的阅读体验。值得一提的是,掌阅 iReader 依托于旗下强大的听书产品,在其功能中加入了语音朗读版块,让读者在不方便阅读时,也可以通过听书来获得精神享受。还可以调节阅读语速的快慢,并且设定听书的时间长度。下载语音包后甚至还有四川话、广东话、湖南话、河南话、东北话等方言可供选择,这使得其潜在受众大大增加。

掌阅 iReader 内容资源丰富,有大量图书、杂志等可供订购。截至 2015 年 12 月底,掌阅科技公司已拥有数字内容 50 余万册,类型覆盖图书、杂志、漫画、听书等各个品类。① 除文字为主的书刊外,掌阅书城还精心推出漫画版《微微一笑很倾城》,同时与漫铠动漫达成合作,由此获得了数量丰富的漫画作品。笔者看到该部漫画下有 5 242 条评价,人气十足。掌阅在版权方面的优势也

---

① 《掌阅科技股份有限公司首次公开发行股票招股说明书(申报稿 2016 年 6 月 3 日报送)》,http://data.eastmoney.com/notice/20160617/2Wvl2aY9ImIHt9.html。

很明显，经过多年努力，掌阅有限公司实现了由技术型企业向版权运行和发行商角色的转变。目前掌阅有限公司估值超过 10 亿美元，累计用户 5 亿人以上，其中 6 000 多万人为月活跃用户，据媒体报道，北京掌阅科技有限公司的总裁张凌云说，“将在 3 年时间内投入 10 亿元采购版权，将掌阅科技打造成具有世界级竞争力的移动阅读平台”①。

图 5－3　掌阅 iReader 杂志订阅页面

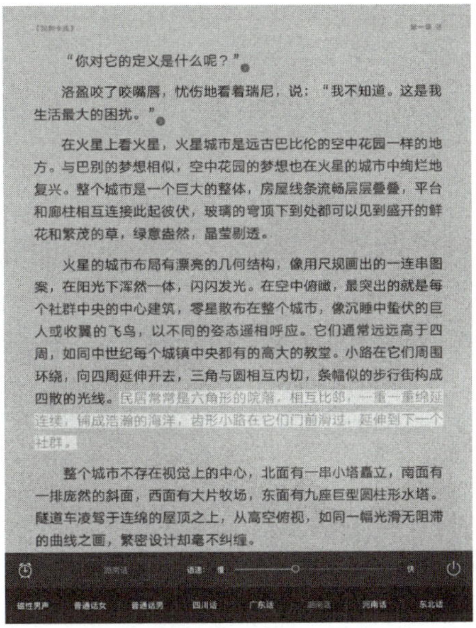

图 5－4　掌阅 iReader 中小说《回到卡戎》的听书功能页面

2. QQ 阅读

QQ 阅读是腾讯公司开发的一款移动端看书软件，可以运用

① 《掌阅将在未来 3 年投入 10 亿元采购图书版权》，人民网，http://culture.people.com.cn/n/2015/0306/c172318－26651493.html。

在多种平台上，全面支持 TXT、HTML、EPUB、DOC 等多种电子书格式，还可以在 QQ 书城免费下载最新热门小说。QQ 阅读最早始于 WAP 版 QQ 书城，早在前智能手机年代就积累了大量的用户基础，有着优良的用户体验和海量原创作品。QQ 阅读上的作品目前总量近 1 000 万部，50 大类型全覆盖，是首都图书馆藏书量的 6 倍；作者更是多达 400 万人，相当于整个北京朝阳区居民的数量。

QQ 阅读的作品涵盖原创小说、影视、经管、励志出版书籍等，品类丰富。有着仿真纸书阅读、自动阅读、人声朗读、听书、自由切换等多元阅读方式；有着多样化的功能，可以利用互联网阅读，也可以在离线状态下阅读已下载到本地的书籍，同时享受各种舒适的阅读体验，如自动断章、自动翻页滚屏、护眼夜间模式、亮度自由调节等，更节省流量。全新阅读模式、极速软件引擎、个性界面设计带给读者舒适的阅读体验。该 APP 依据读者在 QQ 阅读中看过、买过、评论过的书籍类型形成独特的“阅读基因”，从精品推荐库中筛选最适合的内容，为读者进行个性化的推送。QQ 阅读 APP 还开发设计了多种互动功能，如作者互动、书友点评、投票打赏等，

图 5－5　QQ 阅读之“发现”的“排行榜”页面

轻轻松松与作者打成一片。QQ 阅读的优点是功能比较新颖，好友互动性比较强。2016 年，QQ 阅读被评选为最受年轻用户欢迎的移动应用，用户总量突破 1 000 万人，在未来移动阅读市场 QQ 阅读将继续发力。与掌阅 iReader 相比，如果对书籍的品质要求高的用户可以选择掌阅，如果喜欢互动的用户可以使用 QQ 阅读。

3.《one · 一个》

由韩寒主编的“小清新”风格的 APP《one · 一个》于 2012 年 10 月在 APP store 中一经推出即大受欢迎。目前已经积累了 3 000 万用户，日活近百万。《one · 一个》呈现的设计风格比较简明清新，偏爱简洁的线条和黑白色调，而内容却不简单。《one · 一个》一开始能够引起受众的关注，与韩寒本人的“名人效应”是分不开的。不过受众在使用了一段时间后会发现，《one · 一个》其实是与目前节奏较快的城市生活较为合拍的一款阅读 APP。它标榜“每天只为你准备一张图片、一篇文字和一个问答”，向受众传递了少而精的理念，“每天一个就够了”。打开它的“问题”有：“安吉丽 · 朱莉是中国女性学习的榜样吗？”“作家创造一个人物，会投入很深的感情，那么长此以往，他会爱上自己笔下的人物吗？”“外向的人更快乐吗？”“嫁了外国老公，为什么不留在国外生活？”这些问题既贴近现实生活，又有着较强的知识性和趣味性，很适合青年受众的口味。该 APP 每天推送的一篇文字一般为小说体裁，如《人生碎片修补师》《寂寞芳心俱乐部》《他没有名字，他叫 9527》《莲花落》等，多为不到一万字的短篇小说，由写作圈内知名人气写手创作，文字清新隽永，写作技巧娴熟，又充满着人文关怀，着重关注普通人的生活。“一张图片”下面配有哲理性的精炼语句。总的看来该APP比较符合都市年轻人的口味。

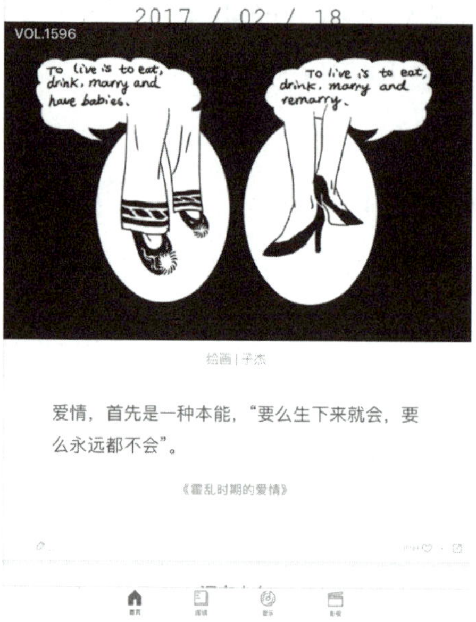

图 5－6 《one · 一个》APP 中的“首页（一幅图片）”页面

图 5－7 《one · 一个》APP 中的“阅读”页面

4. 简书

《简书》APP虽然影响力没有上述APP那么大，却是一个相当有特色的平台，以“一个优质的创作社区”为号召，将阅读与写作加以整合，且设计风格简约、写作界面非常简洁。简书特别注重用户自创内容UGC(User Generated Content)，以及一些看似小众的长尾内容。其实注重UGC并不意味着流量流失，反而聚集了海量内容，其中不乏优质资源。

打开ios版的《简书》APP可见，其底部有“首页、发现、写文章、消息、我的”等几个按钮。笔者于 2017 年 10 月 4 日打开“发现”，页面上端有“小说精选”“真实故事”“历史人文”“IT－互联网”“简书大学堂”“7 日热门”“30 日热门”等几块栏目，下边是推送的“热门文章”。热门文章有《你是专科生，但依然可以活得漂亮，过得精彩》《Python 爬虫学习之小结(二)》《张爱玲：她写着风花雪月的浪漫，却过着一地鸡毛的惨淡》《我成为高管后明白的这些道理，让你少走十年弯路》等文章。可以看出，其文章涉及生活、历史、文学、技术等领域，内容多姿且形式活泼，获得了众多用户的喜爱。不过据笔者一年来的追踪，感觉近期励志鸡汤文明显增多，UGC 如何保证内容水准也是一个难题。“关注”里可以加载受众自己喜欢的栏目，比如“设计”“艺术·文化”“黛玉日报”等。类似风格的还有《豆瓣阅读》等。简书通过“首页投稿”实现了帮助优质文章脱颖而出的目的，由此可以使得一个没有名气的优秀作者一夜成名。

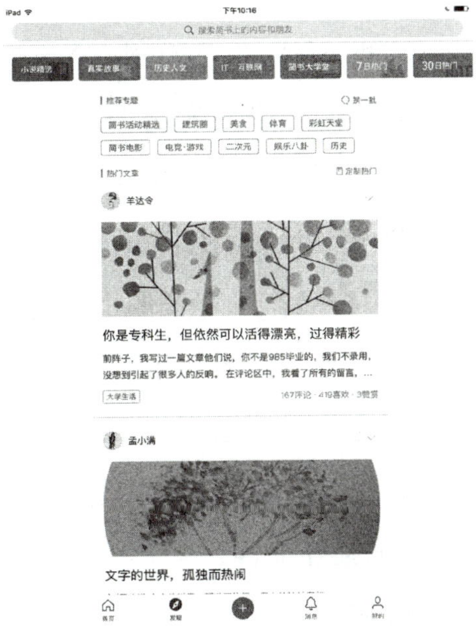

图 5－8 简书 APP 的“发现”页面

5. 咪咕阅读

中国移动的手机阅读品牌“和阅读”，于 2015 年 10 月正式更名为“咪咕阅读”。“咪咕阅读”与各大出版发行机构合作，整合各类阅读内容，致力于成为国内领先的正版数字图书汇聚平台。2015年，咪咕数媒全网收入达56亿元，累计拥有4.5亿用户，目前咪咕阅读平台已累计汇聚超过50万册图书，包括原创小说、出版图书、听书、杂志等多种内容形态。[①]

咪咕阅读APP不仅内容丰富，其图书排行榜也很有特色。“排行”里有出版精品榜、男生热销榜、女生人气榜、起点月票榜、豆瓣畅销榜、亚马逊热销榜、当当热销榜等多个榜单，帮助读者了解网络原创和出版图书的热销情况，选到适合自己的书。咪咕阅读APP的“听书”资源，包括有声小说、亲子、曲苑杂坛、娱乐、文史军事、新闻、情感、生活百科、公开讲堂、财经等几大类内容。呈现出向综合型娱乐平台发展的趋势，漫画、音频、短视频等内容可能会逐步加载到平台上。在设计上，咪咕阅读APP采用用户奖励机制进行创意设计，为用户设计了每日签到奖励书券、新用户领取奖励、老用户推荐好友领取书券等活动，在增强用户黏度的同时，也促进了自身的传播与推广。不过其图书，尤其是众多网络原创文学同质化的现象也比较严重，故事情节低俗的作品大量存在。还应强化品牌意识，增加优质内容以提高竞争力；同时合理利用载体优势，加强互动性。

6. 亚马逊Kindle

电子商务巨头亚马逊在推出电子书阅读器后，又推出了PC端阅读软件以及适用于移动端的Kindle APP，其一大优势是依托亚

① “咪咕数媒”公司简介，http://www.cmread.com/migushumei/about.html。

图 5-9　咪咕阅读的“亚马逊热销榜”

图 5-10　咪咕阅读的“出版”页面

马逊强大的资源，优质图书充裕，电子书排版质量得以保证；拥有跨平台同步阅读功能，用户可以利用其亚马逊账户把电子书同步到几个设备上，且阅读进度也可以同步。Kindle APP 模式主要是在传统出版物数字化的基础上，走在线售书的路径，逐渐得到用户认可。用户可以在 Kindle APP 里搜索自己感兴趣的电子书，并发送“样章”试读，但不能购买。这时要通过 PC 端的亚马逊网站（或用平板电脑、手机浏览器访问），用自己的账号登录后购买。一些畅销书才几元一本，还有大量的免费书。另一种阅读模式是通过注册 Kindle Unlimited，可以以 12 元/月或者 118 元/年的价格无限制阅读 7 万本电子书。

图 5－11 Kindle APP 的“发现”界面

Kindle APP 还会为用户进行个性化的推送。如根据笔者的购买经验，Kindle APP 推荐了历史类电子书《从甲午到抗战》《十四年：从 1931 到 1945》《大中国史》，以及传记类电子书《蒋廷黼回忆录》《陈寅恪与傅斯年》《苏东坡传》等。以电商为依托的亚马逊 Kindle、京东阅读等 APP，靠流量来吸引用户，效果还是比较好的。尤其是 Kindle APP 的先发优势非常明显。

四、移动阅读 APP 发展存在的问题及对策

（一）产品设计风格比较单一，内容同质化严重

近几年问世的数量众多的移动阅读 APP，有的拥有内容资源优势，有的在平台或者用户方面优势突出，不过大多数 APP 的特色并不鲜明。总的看来，移动阅读 APP 在排版风格、内容资源聚集、产品营销方式等方面同质化都比较明显，阅读软件在格式和细节上缺乏精致设计。要在激烈的市场竞争中获得生存和发展，

移动阅读 APP 应该根据目标读者的需求特征进行产品资源整合，制定营销策略，提升市场辨识度，实现差异化发展。碎片化阅读时代，读者的注意力成为一种稀缺资源，正如有学者指出，“专注是互联网时代的生存法则，面对纷杂的商品市场，唯有专注才能集中力量发挥特色，唯有特色方能吸引读者注意力，形成市场竞争力”①。

应强化品牌意识，不断提高竞争力。在碎片化阅读的过程中要始终让读者清楚阅读内容的内涵及外延以及阅读内容的真正价值。如上文所提到的《one・一个》，就是一款从定位、内容到页面设计都比较有个性，且打出自身品牌的 APP。它的最大特点是“少而精”，起初每天为用户提供一张图片、一篇文章、一个问答，后来又增加了一首音乐及一部电影，其文艺格调鲜明，又暗合了现代都市青年推崇极简生活的理念。移动阅读 APP 应致力于打造特色品牌，用精良的设计和内容质量维系读者对于 APP 的信任，并实现读者拓展。

探索如何为用户提供最智能、个性、人性化的服务。如今移动阅读市场的规模越来越大，各平台提供的内容也是海量的，而个性化需求日益突出。“互联网＋数据＋计算”正一点点渗入现代人的生活，移动阅读 APP 可以运用新技术对用户的阅读行为和兴趣偏好进行检测，并为其提供精准和个性化的推荐服务，同时根据其需求对自身内容进行优化。比如掌阅 iReader、百度阅

① 蒋多、杨矞：《互联网时代的阅读产业》，北京：知识产权出版社，2016 年，第 41—42 页。

读等可以根据用户阅读习惯进行作品推荐。APP 用户的属性，一般包括“性别”“年龄”“所在城市”等人口统计学层面的基本信息，以及较高层面的“兴趣爱好”“家庭年收入”等较为个性化的特征乃至其地理位置数据；还包括设备数据，如设备品牌、设备机型、系统版本等，以及用户的自定义标签，都将成为个性化服务的重要依据。

在分众传播方面，比如藏书馆 APP 的体验就很有特色。其图标是隶书体的一个“书”，白底红字，简约舒服，透露着浓浓的文化气息。“藏书馆”这一 APP 给人的感觉很像是个人的移动图书馆，一打开入目即是自己的“书架”，且这里书的资源很多，还有精典必读、作家推荐、精选书单等特色栏目，引导读者更有效率地读书。一位哲学系学生说自己想看的并不大众的书在里面都可以找到，而且是直接向书友借阅的，很方便，她自从下载了藏书馆，阅读量明显提升，连在公交上也会看书。另一个读古典文献学的朋友说用了多款阅读软件找《四库全书》都没有找到，在藏书馆 APP 里竟然找到了。其图书可以直接借阅，无需付费购买。

（二）针对“浅阅读”和内容低俗化等现象，需加强优质内容打造

“移动互联网的传播主体、传播主题都呈现包罗万象的复调化特征，去中心化、底层化、碎片化的传播场域是多元交汇、交锋、交融的移动社交场和舆论场。传播方式的隐蔽化、碎片化特征催生了可视化、轻度化的传播形态和内容，全民互拍、弹幕吐槽、视觉互

动成为网络最受欢迎的形态。”[①]网络科技的发展，使得移动阅读呈现出“后现代主义”特征，表现出读者中心制、碎片化阅读、浅阅读、趣味阅读、交互性阅读等特点。[②]

为迎合受众的后现代阅读习惯，大部分网络文学作品消闲娱乐的特点非常明显，缺乏精心设计的架构和锤炼的语言。而且受到互联网超文本链接的影响，读者不再像阅读传统图书那样专注，而是从一个网页跳跃到另一个网页，以至于读者所获取的知识和资讯大多是碎片化的，对知识的完整性、系统性造成不利影响。这样的阅读习惯还会影响我们的思维方式，影响到对其他学科或专著的态度，而对于那些知识，读者必须沉下心深入钻研、方能领略其精髓。

对于“浅阅读”现象也应该一分为二地看，如喻国明教授认为，浅阅读的出现是个正常现象：“在一段正常的生活时间里，能够安排给媒介的时间一定是有限的，那么他在有限的时间里则需要接触更多的媒介品种和信息品种，那在深度上自然就会有牺牲，并且用这种深度上的牺牲来解决数量和面的把握问题。但这并不排除他在一些重要问题上，需要更深入更专业的信息的获取，所以现在也有越来越多的提供深度信息的媒体出现了。所以，这不是一个单以好坏来划分的问题，这就是一种发展，一个规律，就必须要求

---

① 强荧、焦雨虹：《移动浪潮中的传媒创新》，强荧、焦雨虹主编：《上海传媒发展报告(2017)》，北京：社会科学文献出版社，2017年，第13页。

② 蒋多、杨矞：《互联网时代的阅读产业》，北京：知识产权出版社，2016年，第48—50页。

人们以这种方式来掌握信息。”①可见在移动互联时代这是个不可避免的现象，有其合理性。

不过，若受众进行“浅阅读”的比重过多则不利于自身发展。考察热门的移动阅读APP，大多缺乏经典作品和学术性著作，以原创类网络文学作品居多，且入目多为灵异小说、玄幻小说、宫斗小说等类别，与现实生活距离甚远。比如笔者打开“QQ读书”的“女生偏好”之“重磅精品”“畅销榜”等栏目，推荐的书目有《重生之贵女平妻》《独宠狂妻：我的特种兵老婆》《兽世独宠：兽夫，开饭吧！》《试婚老公，一宠到底》《隐婚蜜爱：偏执老公宠上瘾》《总裁大人，放肆爱！》等，从标题就可窥见其内容的贫乏苍白以及格调不高。不少作品程式化非常明显，文字粗糙、逻辑不清晰，并且宣扬了不劳而获、男尊女卑、为达目的不择手段等错误思想和价值观；甚至含有色情和暴力内容。正如掌阅副总裁游亭说：“近两年引爆市场的IP作品，几乎都有超过10年的创作时间。而在第二次封闭时代，用户获取内容入口分散，在渠道数据导向的情况下，同质化作品泛滥，劣币驱逐良币。”②这是值得警惕的。

目前移动阅读APP的优质内容非常缺乏。传统出版机构大多对数字出版持谨慎态度，虽然有些也在尝试数字化运营，但与移动阅读市场的需求还是相去甚远。同时，内容平台商的生产能力

---

① 张洋：《喻国明专访：在浅阅读中寻求秩序和逻辑》，新华网，http://news.xinhuanet.com/newmedia/2006-02/21/content_4207596.htm。

② 《IP热到精品网文不够用 掌阅联合百度文学等成立“原创联盟”》，新浪科技，http://tech.sina.com.cn/i/2017-02-23/doc-ifyavvsk2915465.shtml。

有限，也使得电子书内容的转换成本相当高、数量远远不足，出现内容加工跟不上用户的需求等问题，也影响了优质内容的供给。当前的 IP 热席卷了出版、影视、游戏、互联网等众多领域，而咪咕阅读平台上大部分的内容资源版权来源于合作伙伴，这样也就无法掌控其全部版权进而进行全版权运营。2015 年，此前主打数字阅读的掌阅成立“掌阅文学”，签约优秀原创作者，扶植优秀作家作品，目前签约专职作家已达 5 000 人。这是对打造优质内容的有益尝试，作为 IP 源头的内容资源尤其受到关注。① 2017 年 2 月，掌阅更宣布联合百度文学、中文在线、阿里文学、磨铁文学等发起成立“原创联盟”，共同推出“精品内容全平台共享计划”。②

（三）社交互动不够，阅读体验性差，用户黏度不足

移动互联网技术在关系解构与连接重构中扮演了重要角色，移动传播强化了媒体的社交、分享属性，用户获取资讯更多依赖“社交”与“个人喜好”来选择。为此移动阅读 APP 也开始重视对社交功能的开发。

2015 年简书提出了“交流故事，沟通想法”的口号，用户可以搜索和关注简书上的朋友，交流读书心得，并形成小说连载、程序员交流、文学写作和漫画手绘等特色社区。其良好的社区氛围和广泛的传播性与影响力也可以反哺作者，刺激作者不断生产高质量

① 耿玉娟：《电信运营商移动阅读基地图书整合运营研究——以咪咕阅读为例》，《新媒体研究》2017 年第 5 期，第 59 页。

② IP 热到精品网文不够用 掌阅联合百度文学等成立“原创联盟”，http：//tech.sina.com.cn/i/2017 - 02 - 23/doc-ifyavvsk2915465.shtml。

的内容。当当读书 APP 则设有“书友圈”“附近的人”等版块。打开“附近的人”,可以查看附近的读者发布的帖子、收藏的书、收藏的文章等,并进行互动。微信的朋友圈转发功能,是社交性比较强的一个设计。一些受众表示会经常看朋友圈里转发的文章,并且通过点赞、转发与好友进行互动;而对自己订阅的公众号上的文章看得比较少。

不过社交阅读的核心是兴趣聚合、而不是熟人关系,这也给其社交功能开发增加了难度。总体来看,移动阅读 APP 社交功能不是太吸引人,用户黏度不够。笔者打开当当读书“附近的人”,发现附近读者大多没有发任何帖子,收藏的文章也寥寥无几。再看豆瓣阅读 APP 上,同一本书下面有不少书评,让人乍看有志同道合之感,但这些书评可能发表于 1 年前甚至更早。每本书下面的讨论区大都很寥落,你可以发言询问别人的读书心得,可难得收到回应。交流的非即时性和空间的阻隔是造成这种互动缺乏的主要原因。

移动阅读 APP 的阅读体验也存在一些问题,有些功能不实用。如掌阅 iReader 中的期刊经重新排版更适合手机和平板电脑阅读,但是图片不是很清晰。笔者在课堂上,曾对上海社会科学院新闻研究所 2016 级、2017 级的 10 位硕士生作了访谈,询问他们的移动阅读情况,同学普遍反映其很少使用文学类的移动阅读 APP 如咪咕阅读、掌阅 iReader 等,有时会浏览澎湃新闻、上海观察等新闻资讯类 APP。他们的总体感受是文学类 APP 的阅读体验不够好,功能一般,看书比较累,不适合摘录。一位同学从前喜欢用掌阅iReader，收费之后就用得少了。有几位同学经常用kindle电子书阅读器来阅读文学作品，加之亚马逊的畅销电子书不少都是一两元一本，价格也是可以接受的。可见移动阅读APP在激烈的市场竞争中，在吸引文化层次较高的年轻受众方面，还有许多需要改进之处。

移动互联网时代的受众已经发生角色转变，移动出版怎样影响了受众的阅读心理习惯、而受众的阅读方式转型又对出版活动提出怎样的新要求，也都是值得移动APP从业者深入探讨的问题。应注重受众的反馈信息，这些不只是用于评价某个信息的传播效果，还应成为优化内容的依据。据爱阅读APP市场经理透露，其后台每天都会收到大量读者的反馈，这些最真实的声音是督促爱阅读不断完善的动力，也是进一步改版时的参考建议。但是要照顾到大多数读者的意见，有时就会给习惯旧版的读者带去不便。①

阅读类APP应努力将有相同兴趣的人聚集在一起，形成阅读社区文化。如追书神器APP经过4年多运营，用户已超过6 000万，日活跃用户超过800万。② 除找书功能外，一大特色在于其多元化的社区讨论，包括综合讨论、精彩书评、原创写作、大话历史、女生密语等多个细分社区，里面有不少精彩的话题，应者云集。追书神器还经常邀请众多知名作家定期做客、开帖与粉丝互动，并为

① 《移动阅读时代选择中意的阅读APP有多难?》，http://roll.sohu.com/20160113/n434374623.shtml。

② 《追书神器荣获MAIC2016年度最具成长性移动阅读类应用》，http://news.xinhuanet.com/itown/2016－12/27/c_135935035.htm? winzoom=1。

用户设置自由创建书单的功能、可以将好书一键分享，开放自由评论等，建立起作者与用户、用户与用户之间的社交纽带。塔读 APP 则增加用户签到机制，按签到次数分配奖励，从而鼓励用户阅读。未来媒介应着力构造“信息＋服务＋社区”产品生态链，打造以内容为入口、通过社群聚拢用户，通过服务实现产品价值的商业模式。①

（四）移动阅读的营利模式仍在探索之中

“在政策、技术、资本大力推动下，互联网领域不断涌现各种新产品、新服务、新业态，推动刺激消费热点，成为促进信息化、工业化、城镇化、农业现代化的强势助力，互联网经济正在成为我国经济的重要组成部分。”②移动阅读 APP 的直接营利模式主要有出售产品和做广告等，具体如移动广告、付费下载、虚拟货币、组合销售等。《one・一个》APP 在成立初期一年投入约 250 万，其营收完全依靠传统广告。广告页面与文章页面融合较好，虽然广告页面占整个版面，但只要轻轻滑动就可切换到文章或图片。并且在广告设计上也与《one・一个》APP 的风格相结合，不显得突兀。③ 后来则转向线上线下结合的营利模式，还开了线下体验店和淘宝店。

① 《融合发展之年的中国数字出版——2014—2015 中国数字出版产业年度报告》，张立主编：《2014—2015 中国数字出版产业年度报告》，北京：中国书籍出版社，2015 年，第 33 页。

② 强荧、焦雨虹：《移动浪潮中的传媒创新》，强荧、焦雨虹主编：《上海传媒发展报告(2017)》，北京：社会科学文献出版社，2017 年，第 5 页。

③ 王懿：《阅读类 APP〈one・一个〉的运营模式发展研究》，《今传媒》2015 年第 10 期，第 96 页。

据韩寒介绍,如今的 90 后年轻作者很大一部分来自这一平台,《one·一个》在 2015 年出了 4 本精选书,每本都卖三四十万册。[①]在探索营利模式方面,简书 APP 曾尝试过名为"简书包"的书籍类礼物电商,以及出版过《你一定要努力但是千万别着急》,销量近 5 万本。

目前,移动阅读行业竞争已经由早前只通过渠道资源、内容数量获取用户的阶段进入以 IP 为核心的泛娱乐产业链布局。由原来的靠文学作品质量的竞争升级成泛娱乐集团的资源竞争,如此既可以较好地整合合作伙伴之间的资源,同时也减少了中间环节的成本支出。主要模式是先生产出网络文学、漫画这些成本比较低的内容,之后投入市场接受检验,如果是受众关注热度比较高的内容,就可以进行电影、电视剧、动画等的改编,依托影视剧的广泛影响力,进而强化 IP 品牌,并且带动周边产品研发。

在此基础上,移动出版平台越来越把重心放在整个产业的上游——IP 孵化环节,并且积极地参与早期的作品生产活动。全版权运营已经成为平台重要的能力之一。2016 年 7 月,掌阅科技联合完美时空、蜻蜓 FM 作为主办单位及 22 家知名出版社等单位,举办全国范围内的文学创作大赛。通过大赛既挖掘了具有优质 IP 价值的作品,同时也对文学市场的内容类型发展进行探索。获得长篇大奖的作品《尘风志》,已被达达影业看中并预购,计划和掌阅

---

① 《在 ONE 融资 6 000 万后 听韩寒说他怎么继续赚钱》,http://mt.sohu.com/20160206/n437021389.shtml。

联手开发成影视作品。①

塔读文学继续在内容多元化方向寻求突破，除了传统优势类型内容之外，玄幻文和灵异文成为新的业绩亮点，从现阶段 IP 市场发展情况来看，这两类新题材有望成为影视和游戏 IP 改编的热门。作品方面，改编自塔读版权的多部影视剧已经在拍摄中，其中《水浒客栈》电影已经拍摄完毕，正在后期制作。《婚成勿扰》已被改编成 20 集网络剧《花飞尽归不归》，将在腾讯视频独家播出。②以优质 IP 为核心的版权综合运营，可促进优质内容的充分挖掘与运用，构建多元化商业模式。随着传统出版单位媒体融合的发展，知识产权运营将成为一种主要的发展模式，推动出版产业乃至移动出版产业未来新的发展。

移动阅读 2009 年开始蔚成风气，早期的一些移动阅读 APP 如掌阅和开卷有益等，依然有很大的影响力，它们都凭借其区别性的优势立足于移动阅读市场。作为移动阅读的巨头，掌阅大力购买运作 IP，投入 10 亿元进入原创文学领域；开卷有益在当下各类阅读 APP 主打网络小说的情况下，仍以出版类图书为主，坚持输出更多有着人文关怀精神的文学作品。而一些曾经很火的移动阅读 APP 在弱化甚至消逝，移动阅读 APP 唯有打造自己的特色才能在众多同类产品中脱颖而出。

---

① 徐虹：《首届"掌阅文学创作大赛"落下帷幕 IP 在大赛中快速成长》，http://news.163.com/17/0105/21/CA21I3DQ00018AOQ.html。

② 《易观分析：2016 年第 3 季度中国移动阅读市场 跨界二次元与泛娱乐全版权运营成为主要发展主向》，http://www.analysys.cn/analysis/details?columnId=22&articleId=1000471。

第六章　对我国新闻出版集团资本化运作的路径探讨

——以上海“新华传媒”上市融资为例

随着近年来媒体行业竞争日益激烈，特别是网络、手机等新兴媒体的加入，报刊、图书等传统大众媒体面临的压力与日俱增。在新的形势下，新闻出版集团如何积极探索体制机制改革的道路，吸收资本、做大做强，成为亟待解决的问题。我国的传媒产业具有其独特的特征和属性，探索适合我国传媒业的资本运营路径是一个重要课题，也有一些比较成功的经验可供我们借鉴。上海新华传媒股份有限公司（以下简称新华传媒）通过实施规范改制，借助重组实现上市，将上海新华发行集团和上海报业集团经营资源并购重组和整合，成为国内颇具实力的平面传媒上市公司，而且近年在完善其产业链、促进媒介融合等方面也不断有新举措，其资本运作路径对我国的新闻出版企业具有借鉴意义和示范性。

一、我国新闻出版企业加强资本运作的社会环境及政策背景

（一）从文化体制试点改革到数十家新闻出版企业上市

由于报刊具有很强的政治属性，带有鲜明的意识形态特征，因此一直受到党政部门的严格管理。在相当长一段时期内，政治宣传被看作是报刊的唯一功能，而其市场作用则一直被忽略和压抑。图书出版的情况也相类似。直到1978年以后，中国报刊业市场才逐步向“自主经营、自负盈亏、自我积累、自我发展”的道路转变。从20世纪90年代中期开始，各种党委机关报也开始积极推动集团化的进程，以组建报业集团的形式在激烈的市场竞争中占据优势。[①] 出版业集团的建设则从20世纪80年代末开始，90年代获得了较大的发展。

改革开放之前，我国各类出版社之间基本不存在竞争关系，国外的出版社也不能进入我国的图书市场。而1978年改革开放以来，随着国内出版社数量的迅速增加，以及政府限制的减少，出版社日渐增长的生存压力，加上大量国外出版物进入我国市场，使得国内外出版物开始相互激烈竞争，这种局面在促进我国出版业发

① 黄梦阮：《从上市公司经营看中国报业集团的资本运作》，《传媒》2007年第8期，第18页。

展的同时，也给出版企业带来了巨大的压力。

2001 年 11 月，我国加入 WTO，出版业当时并不包括在开放范围之内，但在图书、报刊、音像制品和娱乐软件销售等方面，我国也作出了相应的承诺。在图书和音像制品等文化产业的销售市场，出现了大量海外资本竞相进入中国出版物零售业的局面。截至 2006 年年底，我国已经完全兑现加入 WTO 在出版领域的承诺，开放了出版业的市场分销环节，当时全国已批准外商投资的分销企业 45 家，中外期刊版权合作项目达 52 项，充分显示出外资看好中国出版市场、积极争夺我国出版物市场资源的情状。这一方面促使我国出版业提升竞争力，同时也给我国出版业发展带来了无形压力。面对这样的形势，我国出版业必须加快自身体制改革，提高出版物的质量，积极应对出版物市场竞争。①

2002 年召开的党的十六大，确定了新世纪、新阶段党和国家的奋斗目标和行动纲领。党的十六大以后，我国文化体制改革的目的、意义、主要任务和实施重点更加明确，改革的步伐也明显加快。从文化体制改革的角度讲，党的十六大第一次将文化分成文化事业和文化产业，强调要积极发展文化事业和文化产业，明确了整个文化体制改革的方向和目标。"把深化改革同调整结构和促进发展结合起来，不断理顺政府和文化企事业单位的关系，加强文化法制建设，加强宏观管理，深化文化企业事业单位内部改革，逐步建立有利于调动文化工作者积极性，推动文化创新，多出精品，多出

① 唐溯：《裂变时代——中国出版资本市场发展攻略》，长沙：湖南人民出版社 2012 年版，第 72 页。

人才的文化管理体制和运行机制"①。

2003 年,中央决定在 35 个单位进行文化体制改革试点,其中新闻出版单位就有 21 家。通过大胆探索体制创新,全面完成了试点任务,为新闻出版体制改革向纵深推进提供了新鲜经验。② 之后我国文化体制改革的步伐不断加大,资料显示:"十一五"期间,我国经营性图书、音像出版单位基本完成转企改制,1 251 家非时政类报刊出版单位转制或登记为企业法人,10 多万家印刷复制单位,3 000 多家国有新华书店完成转制,100 多家新闻出版企业集团成功组建。投融资体制改革取得重大突破,45 家新闻出版企业成功上市,总市值达 5 700 亿元。同时,充分发挥非公有资本的重要作用,非公有资本和外资全面进入印刷、复制、发行和新媒体硬件制作等领域,民营文化工作室有序参与出版策划服务。③

截至 2015 年 6 月 30 日,我国新闻出版上市公司数量为 38 家。考察这些新闻出版企业上市的历程,可以看到,它们是随着我国新闻出版业的迅速发展和新闻出版政策法规的逐步开放而分阶段上市的,"大致经历了出版印刷企业上市,报社投资的涉及报纸广告、印刷、发行业务公司的上市,出版物发行公司的上市,直至书报刊出版企业的最终上市等四个阶段"④。

---

① 《中国文化体制改革历程第三阶段 重塑国有文化市场主体》,http://www.wenming.cn/whtzgg_pd/lxt/201104/t20110411_145686.shtml。

② 柳斌杰:《开创新闻出版业改革发展新局面》,《求是》2010 年第 23 期,第 30 页。

③ 柳斌杰:《抓住战略机遇 把握主题主线——科学谋划精心实施新闻出版业"十二五"规划》,《中国出版》2011 年第 2 期,第 6 页。

④ 范军:《新闻出版上市公司的现状与发展》,范军主编:《2014—2015 中国出版业发展报告》,北京:中国书籍出版社,2015 年,第 113 页。

（二）《文化产业振兴规划》等政策助力传媒体制改革

21 世纪以来，国家对文化产业的政策引导力度不断加大，2009 年 7 月 22 日，国务院常务会议讨论并原则通过《文化产业振兴规划》（以下简称《规划》），明确了文化产业振兴的指导思想与八大重点工作，强调坚持以结构调整为主线，加快推进重大工程项目，扩大产业规模，增强文化产业整体实力和竞争力。同时指出，为确保各项任务落到实处，必须深化文化体制改革，激发全社会的文化创造活力；要降低准入门槛，积极吸收社会资本和外资进入政策允许的文化产业领域，参与国有文化企业股份制改造，形成公有制为主体、多种所有制共同发展的文化产业格局；要加大政府投入和税收、金融等政策支持，大力培养文化产业人才，完善法律体系，规范市场秩序，为《规划》实施和文化产业发展提供强有力的保障。[①]

作为中华人民共和国成立 60 年来首部全国性的文化产业专项规划，《规划》对我国加快文化产业发展、推动经济结构调整有着重要意义，意味着我国文化产业经过多年的探索性发展，正迎来一个历史性拐点，将进入一个高速增长周期。时任国家新闻出版总署署长的柳斌杰先生多次谈到，出版传媒业兼并重组工作已经开始，出版社转企改制工作即将全部完成，下一步的工作重点是出版企业的股份制改造和组建大型出版集团。柳斌杰还在 2011 第 14

---

① 《文化产业振兴规划》，新华网，http：//news. xinhuanet. com/politics/2009 - 09/26/content_12114302.htm。

期《求是》杂志上撰文指出：要造就大型骨干出版传媒集团和出版传媒的“航空母舰”；要改革投融资体制，完善资本、版权、技术等要素市场；要改革、改造流通体系，更好地服务人民大众；要通过改革形成中国新闻出版业新的产业格局、市场格局和传播格局。[①] 传媒企业如何进一步推进体制改革，加强资本运作、成为业界人士特别关心的问题。

（三）党的十八大以来文化体制改革的加速推进

党的十八大以来，我国进一步加快了文化体制改革的步伐。2014 年 2 月，《国务院关于推进文化创意和设计服务与相关产业融合发展的若干意见》（以下简称《意见》）颁布，就如何推进文化创意和设计服务与实体经济深度融合提出明确要求，并且就国企引进资本方面加以强调。《意见》指出要“壮大市场主体”“推动创意和设计优势企业根据产业联系，实施跨地区、跨行业、跨所有制业务合作，打造跨界融合的产业集团和产业联盟。鼓励有条件的大型企业设立工业设计中心，建设一批国家级工业设计中心。积极推进相关事业单位分类改革，鼓励国有文化企业引进战略资本，实行股份制改造，积极引导民间资本投资文化创意和设计服务领域”。[②] 2014 年 4 月，国务院办公厅下发了《文化体制改革中经营性文化事业单位转制为企业的规定》和《进一步支持文化企业发展

① 柳斌杰：《在旗帜的引领下——党的新闻出版事业 90 年伟大实践与思考》，《求是》2011 年第 14 期，第 36 页。

② 《国务院关于推进文化创意和设计服务与相关产业融合发展的若干意见》，http://www.gov.cn/zhengce/content/2014-03/14/content_8713.htm。

的规定》，业内人士普遍认为，我国文化体制改革正步入“深水区”，随着更多积极信号的释放，文化创意产业也对国家的经济结构转型起到重要的推动作用。

近几年，我国的文化创造活力充分地发挥出来。根据国家统计局的统计数据，2004 年以来，我国文化产业的年均增长速度在 15%以上，有的年份达 25%，这样的增长速度超过了同期 GDP 的增长。[①] 文化产业占 GDP 的比重从 2010 年的 2.75%升至 2014 年的 3.76%，在成为国民经济支柱性产业道路上迈出有力步伐。2015 年，文化企业并购 166 起，并购规模近 1 500 亿元，同比增长 50%。[②]

2015 年 11 月，《中共中央关于制定国民经济和社会发展第十三个五年规划的建议》指出，文化产业要成为国民经济支柱性产业，加快文化改革发展，推动传统媒体和新兴媒体融合发展，加快媒体数字化建设。2017 年 5 月，中共中央办公厅、国务院办公厅印发了《国家“十三五”时期文化发展改革规划纲要》（以下简称《纲要》），提出了“十三五”时期文化发展改革的指导思想、方针原则和目标任务。《纲要》指出要优化文化产业结构布局，“加快发展网络视听、移动多媒体、数字出版、动漫游戏、创意设计、3D 和巨幕电影等新兴产业，推动出版发行、影视制作、工艺美术、印刷复制、广告服务、文化娱乐等传统产业转型升级，鼓励演出、娱乐、艺术品展览

① 魏玉山：《2014 年中国民营书业发展报告》，《出版参考》2015 年第 5 期（下旬刊）。
② 李慧：《十八大以来文化建设和文化体制改革综述》，发表于《光明日报》，转引自新华网，http://news.xinhuanet.com/politics/2016-01/05/c_128597909.htm。

等传统业态实现线上线下融合”。在体制改革方面，要“推动国有文化企业加快完善文化生产经营机制，提高市场开发和营销能力。引导非公有资本有序进入、规范经营，鼓励社会各方面参与文化创业。科学区分文化建设项目类型，可以产业化、市场化方式运作的以产业化、市场化方式运作”[①]。

根据《出版管理条例》《印刷业管理条例》和 2013 年 7 月 17 日经国务院批准的《国家新闻出版广电总局主要职责内设机构和人员编制规定》，新闻出版领域包括：在我国境内从事报纸、期刊、图书、音像制品、电子出版物等出版物的出版、印刷或者复制、进口、发行以及数字出版内容出版发行的活动。按照这一范围，截至 2015 年 6 月 30 日，我国新闻出版上市公司有 38 家，其中，在我国境内上市的有 33 家，在香港联合证券交易所上市的有 4 家，在美国纽约证券交易所上市的有 1 家（即当当网，现已退市）。[②] 2016 年，各个出版传媒上市公司继续做强主业、稳健发展；并且跨界融合、多元开拓，积极创新求发展。出版传媒上市公司保持了良好的发展势头，为新闻出版产业“十三五”实现开门红作出了重要贡献。[③] 2017 年，高达 6 家新闻出版类公司成功上市，亮点颇多。“国字头”新闻出版集团中国科传、中国出版成功上市，民营书业的代表新经典、掌阅科技陆续上市，世纪天鸿实现新三板向 A 股创业

① 《中共中央办公厅 国务院办公厅印发〈国家“十三五”时期文化发展改革规划纲要〉》，网易，http：//news.163.com/17/0508/00/CJSHCJD6000187VI.html。

② 参见范军：《新闻出版上市公司的现状与发展》，范军主编：《2014—2015 中国出版业发展报告》，北京：中国书籍出版社，2015 年，第 111 页。

③ 参见国家新闻出版广电总局规划发展司：《盘点 2016：出版传媒上市公司热词搜索》，人民网，http：//media.people.com.cn/n1/2017/0119/c40606 - 29035835.html。

板的成功转板，地方出版集团中山东出版集团也成功获得上市，另有多家出版公司仍在积极排队 IPO，新闻出版企业的资本化进程正在加速。[①]

二、新华传媒“借壳上市”模式分析

有学者指出，“包括新闻出版业在内的文化产业的发展，对于缓解国民经济下行的压力，调整经济结构，具有重要的稳压器的作用。而作为文化企业主力军的新闻出版上市公司其贡献不言而喻”[②]。新闻出版企业要想进入资本市场，首先必须按照市场的要求进行改制，规范的股份制改造是其重要前提。通过股份制改制，一方面建立了良好的公司治理结构，另一方面也优化了公司激励机制，推进了公司遵循现代企业制度的机制创新。凭借上市公司的声誉及其机制，可以较为顺利地调整业务结构，迅速扩展核心业务，并以较高的价值转让非核心业务和较低成本“外包”业务。并且可以通过证券市场的直接融资，扩大银行授信额度，带动企业间接融资，为实施跨行业兼并、收购和联盟提供多渠道的投融资保证。新华传媒的改制及其上市路径给我们以相当启示。

---

① 《新闻出版上市公司呈“强者恒强”趋势》，中国新闻出版广电网，http：//www.chinaxwcb.com/2018-06/29/content_372611.htm。

② 范军：《新闻出版上市公司的现状与发展》，范军主编：《2014—2015 中国出版业发展报告》，北京：中国书籍出版社，2015 年，第 120 页。

（一）新闻出版企业的 IPO 上市与“借壳上市”

新闻出版企业上市一般有 IPO（Initial public offerings）上市与“借壳上市”两种主要途径。IPO 是指某公司（股份有限公司或有限责任公司）首次向社会公众公开招股的发行方式。比如 2015 年 1 月，中文在线成功登陆深交所，成为国内“数字出版第一股”，就是以 IPO 形式上市。而新华网 2016 年 IPO 上市，是新华社以及新华网推动传统媒体与新兴媒体融合、打造新型主流媒体集团的重要战略举措。① 2016 年还有南方传媒、新华文轩等新闻出版企业完成 IPO 上市。

新华传媒在股份制改造中并不是直接上市，而是采用了“借壳上市”的手段。不少文化企业采用了这种方式上市，如 2008 年 8 月，借壳科大创新，安徽出版集团成为我国新闻出版主业借壳整体上市的“第一家”。2009 年 9 月，中国证监会批复凤凰传媒集团金融、地产业务借壳 * ST 耀华，资产重组实施完毕，更名为凤凰股份。② 上市公司与一般的企业相比，其显著优势是能在证券市场上大规模筹集资金，以此推进公司规模的快速扩大，并且促进公司制度的规范化发展。因此，其上市资格已成为一种“稀有资源”，所谓“壳”就是指上市公司的上市资格。

“新华传媒”前身为上海时装股份有限公司、华联超市股份有

---

① 倪丹整理：《新华网：借力资本市场 做科技与传媒深度融合的领跑者》，《上海证券报》，2016 年 10 月 18 日。

② 方家喜、邵帅：《15 家出版传媒企业上市提速 借壳上市或成主流》，新华网，http://news.xinhuanet.com/fortune/2011-07/21/c_121698333.htm。

限公司。1993 年 10 月，上海时装股份有限公司向社会公众公开发行普通股股票 2 000 万股，公司股票于 1994 年 2 月 4 日在上海证券交易所上市交易，股票简称“时装股份”。2000 年 7 月，公司原控股股东华联(集团)有限公司将其所持有的公司 51 425 082 股国家股转让给上海华联商厦股份有限公司，并受让其所持有的上海华联超市公司 100％股权，公司更名为“华联超市股份有限公司”(简称“华联超市”)。

(二) 新华传媒的“借壳上市”路径

早在 2003 年，上海新华发行集团有限公司就开始筹备改制事宜，他们实行了“三步走”战略，即从国有独资发展到国有多元，再发展到混合所有制，最后一步即是实现上市。2004 年 9 月，公司完成由国有独资向国有多元的股份制企业转变：上海精文投资有限公司、《解放日报》报业集团、上海文化广播影视集团、上海世纪出版集团、上海文艺出版总社 5 家国有独资单位成为上海新华发行集团有限公司的股东。在改制之后，新华发行集团进一步吸收业外国有资本，引进战略投资者，不断完善公司的治理结构。2004 年 11 月，上海新华发行集团的 5 家国有股东在上海联合产权交易所挂牌，公告转让 49％的股权。通过投标竞价，同样拥有国资背景的上海绿地(集团)有限公司，成为上海新华发行集团的新股东，持有该公司 49％的股份。而上海新华发行集团原有的 5 家国有股东作为国有资本的一致行动人，股权转让后继续持有公司 51％的股份。

上海新华发行集团最初的计划是实现 IPO 新股上市，但由于 2005 年 5 月股权分置改革启动，新股发行暂时停止，公司决定转道“借壳上市”。2006 年 5 月，新华传媒的重组上市拉开序幕。上海新华发行集团有限公司与上市公司华联超市的大股东签订协议，上海新华发行集团以现金收购方式受让百联集团有限公司、上海百联集团股份有限公司、上海友谊（集团）有限公司、上海一百（集团）有限公司合计持有的“华联超市”的 118 345 834 股（占总股本的 45.06%），成为公司第一大股东。2006 年 8 月，新华发行集团将其直接和间接持有的上海新华传媒股份有限公司股权与“华联超市”全部资产、负债及业务进行置换，上市公司的主营业务也由经营连锁超市变更为文化传媒产业，公司名称变更为“上海新华传媒股份有限公司”。

新华传媒作为“图书出版发行第一股”，2006 年 10 月在上交所正式挂牌登陆资本市场。这时公司的主要业务和资产为图书报刊发行业务，公司规模也比较小，但上市无疑为公司规模扩张和资本运营提供了极为广阔的平台。新华传媒上市后，通过增发并购，实现规模整合效益，得以充分利用资本市场配置资源的功能，加大资本运作的力度，进一步打造和延伸核心业务产业链，以实现跨行业发展和优势资源整合。①

（三）定向增发：整合《解放日报》报业集团优质经营资产

上海《解放日报》报业集团这一大型传媒集团也决定借“新华

① 本节资料及数据主要由上海新华传媒股份有限公司于 2011 年提供。

传媒”平台进行资本运作。2007年5月23日，新华传媒董事会决定向《解放日报》报业集团和中润广告分别发行股票收购其传媒经营性资产，并在2008年年初完成了定向增发。发行总股数为124 367 268股，其中《解放日报》报业集团按照文化体制改革的有关政策规定（采编业务与经营“两分开”），把政策允许进入上市公司的集团所属传媒经营性资产（包括申报传媒100%股权、晨刊传媒100%股权、人报传媒100%股权、地铁时代传媒51%股权、房报传媒100%股权、教育传媒100%股权、风火龙100%股权、中润解放55%股权、解放文化传播51%股权）全部注入新华传媒，认购9 092万股；而中润广告以其持有的中润解放45%股权认购3 344万股。本次发行股票购买资产完成后，《解放日报》报业集团、中润广告分别持有新华传媒23.49%、8.64%的股份。上市公司的主营业务由以出版物发行为主体兼具其他媒体类资产，变更为以报业经营与广告代理为主要收入和利润贡献。

定向增发完成后，新华传媒成为国内唯一一家横跨出版发行和报刊经营行业的大型传媒企业，也是中国出版发行第一股。新华传媒在以图书发行业务为主业的基础上，增加了报刊经营、报刊发行、报刊广告代理等业务，打造完整的平面媒体经营产业链，进一步提高了在平面媒体经营领域的竞争实力，实现在平面媒体经营领域的发展战略。改制的先发优势，悠久的历史积淀，丰富的资源网络，以及优质的品牌和资本优势，为公司构建了较大的发展空间。

新华传媒重组上市时，只是一个较小规模的公司，但在上市后规模迅速扩张，仅通过对《解放日报》的定向增发增加的资产总值就约20.62亿元，使公司规模在短时间内就大为膨胀。而在本次交易中，《解放日报》报业集团将消费服务媒体类和专业类报刊经营业务、发行业务及广告代理业务注入上市公司，使得公司业务结构体系调整为以报刊经营、图书发行、报刊发行、广告代理、传媒衍生等业务为主的经营模式。《解放日报》报业集团通过将经营资产注入上市公司，意在将新华传媒打造成为集团资本运作平台。新华传媒通过改制上市，为大规模资本运营提供了广阔舞台，而通过上市后不断的并购整合，迅速获得规模效应和整合效应，使企业得以迅速做大做强。如果不是通过上市公司来进行运作，这样快的资产规模扩张和整合效应是很难实现的。①

目前新华传媒旗下的图书发行业务主体——上海新华传媒连锁有限公司是上海地区唯一使用“新华书店”集体商标的企业，拥有位于上海的所有新华书店、书城，图书直营网点逾百家，拥有中小学教材发行权，图书零售总量占上海零售总量的65%以上；公司拥有《新闻晨报》广告经营代理权和《申江服务导报》《i时代报》《上海学生英文报》等知名报刊的经营权，是上海地区最大的报业传媒经营单位，在沪上具有较高知名度和影响力。②

---

① 本节资料及数据主要由上海新华传媒股份有限公司于2011年提供。

② 《上海新华传媒股份有限公司2016年年度报告摘要》，http://stock.jrj.com.cn/share,disc,2017-04-20,600825,0000000000000hvwiz.shtml。

三、加速传媒体制改革、实现产业链上下游整合

（一）力图打造完整的报刊经营产业链

2008—2011年，定向增发后的新华传媒采取了一系列重组并购的新动作，加速优势资源的整合，力图打造完整的报刊经营产业链。在广告业务的整合方面，2008年，新华传媒全资子公司上海中润解放传媒有限公司（以下简称“中润解放”）以11 200万元人民币收购了上海嘉美信息广告有限公司（以下简称“嘉美广告”）100%股权。

嘉美广告主要与《解放日报》报业集团及其下属单位发生业务关系，是《解放日报》报业集团所属《新闻晚报》（现已停刊）的广告总代理商。业内人士指出，收购嘉美广告的举动，反映出《解放日报》报业集团欲对旗下的广告业务进行整合，以提高经营效率。嘉美广告业绩甚佳，2002年接手《新闻晚报》广告代理业务的时候，每月的广告收入仅为8万元，2008年前后每年的广告收入约为2亿元。到2010年，新华传媒将其持有的上海嘉美信息广告有限公司100%股权，以股权增资方式对《解放日报》报业集团所属的上海新闻晚报传媒有限公司进行投资（以下简称“晚报传媒”）。投资完成后，新华传媒的子公司中润解放持有晚报传媒34%的股权，并成为其第一大股东；而晚报传媒将持有嘉美广告100%股权，这样就

对优质经营资产进行了进一步的整合。

新华传媒认为，本次投资是对文化体制改革的一次创新尝试，有利于实现产业链上下游的整合，形成完整的报刊经营产业链，构建以全方位营销为核心的整合经营新模式，共同打造都市报整合经营平台，在未来全国都市报改革中抢占先机，实现都市报新的跨越式发展；并能够降低重叠成本，形成协同效应，具有非常重要的战略意义。此外，通过增资晚报传媒，有利于彻底避免可能的同业竞争，并减少与控股股东之间的关联交易。①

2011 年 4 月 27 日，新华传媒第五届二十五次董事会审议通过《关于重组杨航传媒的议案》，拟对旗下上海杨航文化传媒有限公司（以下简称“杨航传媒”）实施重组。杨航传媒是解放报业集团《I时代报》广告总代理公司，是国内第一家地铁广告代理公司，主要业务内容为经营《I时代报》广告及与之相配套的其他业务。此次重组前新华传媒的全资子公司中润解放占其 70%股权，中润广告占其 30%股权。新华传媒以现金出资人民币 1 806 万元收购上海中润广告有限公司持有的杨航传媒 30%股权；并以现金出资人民币 4 214 万元收购公司全资子公司上海中润解放传媒有限公司持有的杨航传媒 70%股权，收购完成后杨航传媒将成为新华传媒的全资子公司。新华传媒对旗下上海杨航文化传媒有限公司实施重组，理顺股权结构，搭建渠道媒体运营平台，实现纵向产业链整合，并实施横向跨地域扩张，促进杨航传媒进一步做大做强。

---

① 《上海新华传媒股份有限公司第五届董事会第二十二次会议决议公告》，《上海证券报》2010 年 10 月 26 日。

（二）寻找新兴文化产业与传统传媒产业的契合点

为适应“全媒体”时代的竞争形势，新华传媒以“分享无限阅读体验的数字平台和实体平台”为战略定位，全力推动企业发展创新业务，努力成为具有市场竞争力和文化影响力的综合性传媒经营企业。在新媒体与传统产业的结合方面，2010 年 7 月，上海新华解放数字阅读传媒有限公司与“亦墨”电子阅读器同步推出了网上内容平台——“新华 e 店”，仅一个月就与全国超过百家的出版社签订了数字版权合作协议。2010 年 10 月，中国出版、发行两大上市企业——时代出版传媒公司与上海新华传媒公司，以及上海新华解放数字阅读传媒公司举行了“数字阅读平台”合作签约仪式。要保持数字出版产业的可持续发展，内容质量和技术手段是不可或缺的。时代出版传媒公司自 2008 年上市以来，借助资本平台，不断推进和深化出版改革，大力做强出版主业，推出了一大批具有较高水准、深受读者欢迎的优秀读物，且拥有一大批适合数字阅读的精品书、畅销书版权。而新华传媒公司旗下的新华 e 店，拥有强大的技术研发队伍。两者强强联合实践了新传媒手段与传统产业的融合。

新华传媒还承办“全国新书发布厅”项目，借此打造上海阅读文化新地标。该项目于 2016 年 3 月 20 日在上海书城夺目亮相，项目推出一年已举办了 50 场活动。“全国新书发布厅”项目是上海乃至全国影响最大的新书发布系列活动，立足于让优秀出版物从影响上海进而影响全国，登上发布厅的首发图书均切中时代热点、关注读者需求、引领阅读趋势，以中外文学、人文社科、经管、少儿、科普、艺术等大类图书中知名作家、文化名人的新书为主，兼顾专业图书、学术著作中价值独到的高品质书籍。开发多种渠道，进一步推进“新华一城书集 O2O 平台”建设。除继续优化微信书店（目前已拥有粉丝 7 万余名，完成 20 余万图书的上线、支付及配送）推送、运营外，“新华一城书集”官网及“一城读书”数字阅读两大平台的初期开发基本完成，测试版均已上线，实现了线上下单、订单管理、商品配货的业务闭环。①

创设新型特色书店，促进多元业态发展。位于上海市福州路上海书城 6 楼的首家绘本馆实体店“玛德琳绘本馆”于 2016 年 5 月底开业。绘本馆专辟绘本借阅区、小海绘画工作室、中心舞台区、动感影院、木玩游艺等空间，为儿童和家长提供各类亲子互动游乐的方式，并推出讲座、培训等创意活动。玛德琳绘本馆还举办了《安徒生童话》立体书活动，承办了 2016 中国上海国际童书展公众区零售服务。后续还将推出手偶戏、皮影戏、儿童话剧等依托绘本开展的创意活动，让孩子在阅读中感受快乐，在快乐中得到成长。②

类似地，一些出版上市企业也利用新科技手段对营销渠道进行了优化整合。比如，新华文轩推进实体书店建设，构建覆盖四川全省城乡的垂直纵深阅读服务网络，打造专业阅读服务品牌；推动

---

① 资料来源：《上海新华传媒股份有限公司 2016 年半年度报告》，以及相关媒体报道。

② 资料来源：《上海新华传媒股份有限公司 2016 年半年度报告》和《新华传媒：2016 年年度报告摘要》，以及相关媒体报道。

渠道业务的数字化升级，搭建自有互联网销售平台文轩网、九月网，并在天猫、京东等平台开设直营连锁网店，近 3 年，公司互联网销售年平均增长率超过 60%。线上线下日趋完善的渠道体系，为公司实现融合发展奠定了坚实的基础。长江传媒加快特色书店建设，完善渠道体系，旗下湖北省新华集团组建教育服务专员和文化服务专员两支骨干队伍，加强店社合力营销，纸版图书销售逆势而上。南方传媒继续提升门店品质，实现终端向校园和乡镇一线下沉，开设校园书店 74 家、乡镇社区文化驿站 29 家。出版传媒加速北方图书城的业态升级，“北方新生活”样板店——地王店已正式运营，打造的东北地区第一家 24 小时书店——歌德书店受到业界关注。①

四、对我国传媒企业上市路径的几点思考

（一）传媒企业上市加速融资及优质资源整合

新华传媒的前任董事长哈九如先生表示，新华传媒登陆资本市场的过程给公司带来了四大变革，即公司治理更趋完善、社会资源加快聚集、实现文化资产大幅增值、推动了企业转型与行业

---

① 参见《上市书企：做强主业 多元发展》一文，http://www.kaixian.tv/gd/2017/0508/422899.html，以及相关上市新闻出版企业的年报。

整合。①

上海新华发行集团上市和上海报业集团部分报刊经营性资产上市，首先是为了顺应有利的政策背景，积极推进上海文化产业的发展；同时也是为了实现企业自身的发展。新华传媒上市的启示，严格讲即上海新华发行集团和上海报业集团进行资本运作的意义，主要包括以下几点：实现了相关领域国有资产证券化，为上海相关文化产业未来的发展奠定了基础；《解放日报》报业集团定向增发的模式，为后来其他报业集团上市所借鉴，主要是如何将可上市的报刊经营性资产注入上市公司，经营公司与报刊社之间的采编补偿处理方式等；上市之后，公司的管理更规范，从制度的层面调整、规范公司经营管理的各类行为，公司的内部经营管理水平得到进一步提高。

传媒企业集团的上市，加速了广告业务、营销团队等优质资源的整合，对传媒企业的经营大有裨益。例如，上海中润广告公司是一家具有出众广告经营能力的广告公司，在业界被誉为“媒体品牌管家”，是上海最大的平面广告代理商，与《解放日报》报业集团保持紧密的战略合作伙伴关系。2005 年，中润广告与上海解放传媒投资有限公司（解放报业集团下属全资的投资公司）合资成立上海中润解放传媒有限公司。2006 年起，中润广告将平面媒体核心广告业务全部注入中润解放。而当新华传媒完成对解放报业集团和

① 朱茵、周松林、陈光：《文化企业欲加速迈向资本市场、求解融资难题》，《中国证券报》2010 年 3 月 30 日。

中润广告的定向增发后，中润广告将报刊经营广告代理业务的中润解放的45%股权全部注入上市公司，并将中润广告旗下的其他报刊广告业务，根据内部业务整合计划将全部整合到中润解放中。中润广告同时承诺今后不再从事与上市公司相同或类似的广告代理业务，以彻底消除同业竞争。

（二）政府适当介入，推动并购整合的实现

在我国传媒业现行体制下，单纯依靠传媒自身的市场化整合相当艰难，这是学界和业界的共识。对新华传媒资本运作路径分析可知，其所以能取得成功，政府介入的作用不可或缺。可以看到，新华发行集团最初进行股份制改制时，上海精文投资有限公司、《解放日报》报业集团、上海文化广播影视集团、上海世纪出版集团、上海文艺出版总社共5家国有独资单位成为其股东，实现了向国有多元所有制的转变。而这5家单位的实际控制者都是上海市委宣传部，政府的积极引导是显而易见的。通过规范的股份制改制，上海新华发行集团有限公司构建了良好的公司治理结构，为最终实现上市奠定了良好基础。随后引入战略投资者，以及后来《解放日报》报业集团广告经营性资产向上市公司的注入，政府的介入和引导都起到了重要作用。

有论者认为，资本运营是一种完全市场化的产物，但是在目前我国出版业资本市场机制尚不健全的情况下，行政的协调将是非常好的催化剂和润滑剂。从集团化到改制，各地政府不断依靠其行政力量推动着出版发行业体制改革的发展和深化。没有这种行

政力量的支持，资本运作之路走不到今天这么远。但这种拉郎配式操作方法的弊端也是明显的，值得深入思索。①

（三）探索核心资产的逐步注入，以构建完整的产业链

有研究者分析指出，尽管新华传媒资本运作取得巨大成功，但是，其注入的报业资产还主要是一些相关经营资产，即广告和发行业务等，核心业务即采编业务并没有被纳入，因此并不能构成完整产业链，这对公司的发展会产生明显不利的影响。②

证监会对我国文化企业上市有三大核心要求，包括国有股要达到一定控股比例；导向符合国家要求；电视台、报刊类企业的经营采编要分开，即经营权可以剥离进入上市公司，采访、编辑部分暂时禁止注入。③ 对此，时任《京华时报》总经理的罗春晓认为，采编作为报纸的核心内容部门如果未能参与上市，将无法得到股东的信任，这也是一些经营部门单独上市的媒体在资本市场上表现并不理想的一个原因。《北京青年报》社长张延平则希望能够早日出台政策，将纯粹公益性以及党报党刊外的市场化媒体彻底转为企业，并允许编辑部上市。此举是进一步深化文化体制改革的破冰一步，也是传统媒体进一步市场化发展的最好方式。④

---

① 丁双珍：《新华传媒的资本运作及其启示》，《企业改革与管理》2008 年第 5 期，第 14 页。

② 于政红：《中国传媒业资本运营路径分析》，《东岳论丛》2009 年第 8 期，第 142 页。

③ 刘水：《证监会提文化企业上市三要求 采编暂禁止注入》，《上海证券报》，2010 年 10 月 29 日。

④ 《京华时报扩张遇体制瓶颈 欲将编辑部经营部上市》，《中国新闻周刊》，2009 年 12 月 31 日，引自 http：//news.sina.com.cn/c/sd/2009－12－31/131419376676.shtml。

目前就我国的出版传媒业的情况来看，对各个具体行业改革与开放的程度还是有所区别的。其中图书出版业的改革开放走在前面，其企业改制与整体上市已得到政府的完全认可和肯定，而对于报纸与广电等传媒企业来说，如何推动整体上市仍有待继续探讨。2011年笔者对新华传媒有关负责人进行访谈时，该负责人分析，在国家推动非时政类报刊体制改革的背景下，上市传媒企业面临的采编和经营两分开的问题有望得到解决；另外，国家提出鼓励发行企业跨区域兼并重组，故从未来发展趋势来看，作为上市公司的新华传媒，将比其他竞争对手更有机会和能力抓住一些发展机遇。

（四）如何坚守国有传媒企业两个效益的平衡

国有传媒企业上市后，并不是弱化了其社会责任，而是要通过业外资本、资源的引进，更好地服务社会，因此要平衡好社会效益与经济效益的关系。企业借助于上市将获得发展所需资金，建立良好的企业运营机制，提高品牌知名度；但传媒企业也存在一定风险或压力，企业需要把握好投资者对企业营利的要求和自身社会属性及道德责任之间可能存在的矛盾。

从这个意义上来说，上市后的出版传媒企业一方面要充分利用政策优势、行业优势、资金优势、区位优势等，以差异化、成本领先为战略着眼点，以跨媒体的出版物发行和文化产品流通为突破口，巩固核心业务，发展关联业务，探索新兴业务。另一方面，在发展核心业务的同时，不能丢弃服务社会、服务人民的社会责任和优良传统，要始终坚持两个效益的统一。但作为以营利为目的的公众公司，没有一定的监督机制，是很难依靠自身的力量，来维持两个效益统一的。对此，有学者提出，在考核文化企业及上市成果时，政府部门是否可以考虑在每年核定文化企业的营业执照时，对其主营业务销售额和利润总额在企业整体经营中的比例适度提出要求，使文化产业能在企业经营格局中保持主导地位。同时对文化企业履行社会责任也要提出一定的要求。①

国家也越来越重视如何引导国有文化企业实现两个效益相统一。2015 年 9 月，中共中央办公厅、国务院办公厅印发《关于推动国有文化企业把社会效益放在首位、实现社会效益和经济效益相统一的指导意见》，明确指出当两个效益、两种价值发生矛盾时，“经济效益服从社会效益、市场价值服从社会价值，越是深化改革、创新发展，越要把社会效益放在首位”。并且提出“打造一批核心竞争力强的国有或国有控股骨干文化企业，使之成为文化市场的主导力量和文化产业的战略投资者，推动传统媒体与新兴媒体融合发展，强化互联网思维，实现跨媒体、全媒体发展；完善各级文化产业发展专项资金使用管理，加大对社会效益突出的产业项目扶持力度”②。

---

① 方舒：《上海新华传媒上市的启示及思考》，《中国图书商报》，2007 年 12 月 21 日。

② 中共中央办公厅国务院办公厅印发《关于推动国有文化企业把社会效益放在首位、实现社会效益和经济效益相统一的指导意见》，http：//politics. people. com. cn/n/2015/0915/c1001－27583682.html。

（五）借鉴国外传媒企业资本运营的先进理念

在资本操作对象上，西方著名传媒集团绝大多数选择了综合发展模式。传媒是一个大的概念范畴，西方发达国家的传媒企业依靠对产业资本运作的深刻理解、把握以及对传媒业务自身的发掘，将业务范围拓展到了多个传媒领域，将各种传媒业务组合起来，形成具有竞争力的业务优势。

默多克的新闻集团就是一家综合性的传媒集团，其业务已经涵盖了几乎所有的媒体领域，在报纸方面，它控制了英国 40%的报纸和澳大利亚 67%的报纸；在电视方面，它拥有美国 40%的电视台数。而迪士尼公司最早起步时是一家动漫公司，属于内容生产商，现在的业务主要涉及影视娱乐、主题公园/游乐场、媒体网络、消费产品，拥有为数众多的子公司，年营业额已超过 300 亿美元。构建综合性传媒集团与“整体上市”有相近之处，在一定程度上解决了单一媒体资金需求量小的问题。西方发达国家的传媒企业很好地解决了这一问题，并从中受益。① 德国贝塔斯曼出版集团同样非常重视大规模的并购重组，在其发展历程中，“兼并”一直是开拓国内外市场、快速提升市场份额的制胜法宝，1998 年，集团出资 14 亿美元收购美国兰登书屋，一跃成为世界上最大的英文一般图书出版社。②

---

① 朱晓彦：《传媒巨头的路是这么走的——国外传媒企业资本运作模式对中国传媒业的启示》，《中国新闻出版报》2007 年 12 月 18 日。

② 唐溯：《裂变时代——中国出版资本市场发展攻略》，长沙：湖南人民出版社，2012 年，第 126 页。

新华传媒同样也提出了综合发展的理念，此前新华传媒确立了结合特定行业、特定市场、特定受众，创新商业模式，挖掘现有业务潜力，沿着平面媒体依附的行业价值链进行业务延伸的总体思路。并且将置业传媒、渠道传媒等作为重点突破口。依托公司媒体资源优势，置业传媒以房地产媒体投放为基础，向房地产行业的上下游延伸，为房地产企业提供创意策划、媒介组合与投放、促销活动、营销代理等全面服务，逐步打造成为全媒体平台的房地产整合营销服务商。在拓展电子商务业务方面，面对严峻的预付卡行业市场环境，新华传媒以文化消费为引导，坚持差异化竞争，努力探索文化卡特色化发展。新华传媒发挥沪上本地覆盖力优势，构建涵盖图书、演艺、旅游等多垂直领域的电商一体化平台。2017年4月，大型B2C电子商务网站"新华一城网"完成新一轮改版上线，更加注重文化内容引导消费的用户体验。"移动书屋"服务项目一改以往完全依靠外部供应商的模式，从采配、供货到销售都由自己一手操办，丰富了产品种类，提升了销售利润，进一步推广了电商公司的文化衍生产品和服务，并在活动规模、服务品质、活动影响力上都有了新的突破。2017年5月，团队精心设计的"新世界大丸百货联名卡"获得商户和持卡人的一致认可和好评，拓宽了新华一城卡销售和推广渠道，具有高度的可复制性。

技术平台建设方面，该公司自主研发的清算系统顺利通过北京银行卡检测中心的支付业务设施技术检查，并得到中国人民银行下属北京中金国盛认证有限公司对预付卡及互联网支付业务的信息系统技术认证，支付牌照续展业务也已顺利完成。

参 考 文 献

一、研究著作

鲍立泉：《技术视野下媒介融合的历史与未来》，武汉：华中科技大学出版社，2013。

陈丽菲主编：《出版新形态研究》，上海：上海辞书出版社，2011。

陈生明：《数字出版概论》，南京：南京大学出版社，2011。

陈生明：《数字出版理论与实践》，北京：人民教育出版社，2009。

陈颖青：《数字出版与长尾理论》，北京：华夏出版社，2013。

陈正良：《中国"软实力"发展战略研究》，北京：人民出版社，2008。

程美华：《新时期（1978—2008）出版史概论》，上海：学林出版社，2012。

丁淦林等：《中国新闻事业史新编》，成都：四川人民出版社，1998。

范军等：《出版文化与产业专题研究》，武汉：华中师范大学出版社，2012。

范军主编:《中国出版业发展报告(2014—2015)》,北京:中国书籍出版社,2015。

方厚枢、魏玉山:《中国出版通史(中华人民共和国卷)》,北京:中国书籍出版社,2008。

方卿等:《出版产业链研究》,北京:高等教育出版社,2011。

甘碧群:《国际市场营销学》,北京:高等教育出版社,2001。

郭庆光:《传播学教程》,北京:中国人民大学出版社,2011。

郭双林著:《八十年代以来的文化论争》,南昌:百花洲文艺出版社,2004。

郝振省主编:《2004—2005 国际出版业状况及预测》,北京:中国书籍出版社。2005。

郝振省主编:《中国数字出版产业年度报告(2005—2016)》,北京:中国书籍出版社。

郝振省主编:《中外互联网及手机出版法律制度研究》,北京:中国书籍出版社,2008。

胡泳、范海燕:《网络为王》,海口:海南出版社,1997。

黄瑚:《中国新闻事业发展史(第二版)》,上海:复旦大学出版社,2009。

黄瑚主编:《新闻传播法规与职业道德教程》,上海:复旦大学出版社,2010。

黄先蓉、罗紫初:《数字出版与出版教育》,北京:高等教育出版社,2009。

黄孝章等:《数字出版产业发展模式研究》,北京:知识产权出版社,2012。

蒋多、杨裔:《互联网时代的阅读产业》,北京:知识产权出版社,2016。

李新祥:《出版传播学》,杭州:浙江大学出版社,2007。

李新祥:《数字时代国民阅读行为嬗变研究》,北京:中国社会科学出版社,2014。

李泽厚:《中国现代思想史论》,北京:生活·读书·新知三联书店,2009。

刘杲、石峰:《新中国出版五十年纪事》,北京:新华出版社,1999。

刘兰肖主编:《中国出版史论》,北京:中国书籍出版社,2015。

刘益、杨海姗主编:《数字时代下的出版产业管理研究》,北京:中国政法大学出版社,2014。

刘银娣:《数字出版启示录:西方数字出版经典案例分析》,广州:世界图书出版广东有限公司,2014。

刘志主编:《出版理论与实务研究(2016)》,北京:中国人民大学出版社,2016。

罗紫初:《出版学原理》,武汉:武汉大学出版社,1999。

茆意宏:《移动互联网用户阅读行为研究》,北京:中国社会科学出版社,2016。

孟耀:《新媒体与数字出版》,大连:东北财经大学出版社,2015。

闵大洪:《数字传媒概要》,上海:复旦大学出版社,2003。

欧阳坚:《文化产业政策与文化产业发展研究》,北京:中国经济出版社,2011。

彭兰：《社会化媒体：理论与实践解析》，北京：中国人民大学出版社，2015。
彭兰：《新媒体导论》，北京：高等教育出版社，2016。
齐峰：《纵论出版产业的科学发展》，太原：山西人民出版社，2008。
强荧、焦雨虹主编：《上海传媒发展报告（2017）》，北京：社会科学文献出版社，2017。
邵培仁、陈兵：《媒介战略管理》，上海：复旦大学出版社，2003。
邵培仁：《大众传播通论》，浙江：浙江大学出版社，2005。
沈晓静：《中国新闻话语的变迁》，南京：河海大学出版社，2011。
师曾志：《现代出版学》，北京：北京大学出版社，2006。
宋学军：《我国出版集团核心竞争力研究》，北京：经济科学出版社，2012。
宋应离等：《中国当代出版史料》，郑州：大象出版社，1999。
唐溯：《裂变时代——中国出版资本市场发展攻略》，长沙：湖南人民出版社，2012。
童兵主编：《中国新闻传播学研究最新报告》，上海：复旦大学出版社，2015。
王子野：《当代中国的出版事业》，北京：当代中国出版社，1993。
吴波主编：《出版业如何迎接数字时代》，成都：西南财经大学出版社，2016。
吴廷俊主编：《中国新闻传播史（1978—2008）》，上海：复旦大学出版社，2011。
肖东发、方厚枢：《中国编辑出版史（下册）》，沈阳：辽海出版社，2006。
小林一博：《出版大崩溃（日）》，甄西，译，上海：上海三联书店，2004。
向飒：《期刊数字化发展及品牌延伸》，北京：中国传媒大学出版社，2013。
谢新洲编著：《数字出版技术》，北京：北京大学出版社，2002。
谢新洲等编著：《网络出版及其经营管理》，沈阳：辽海出版社，2005。
于春生：《数字期刊产业价值链优化与发展策略》，北京：社会科学文献出版社，2015。
于友先：《现代出版产业发展论》，苏州：苏州大学出版社，2003。
于友先：《新中国出版五十年》，北京：人民美术出版社，1999。
喻国明、张小争：《传媒竞争力：产业价值链案例与模式》，北京：华夏出版社，2005。
袁亮：《出版学概论》，沈阳：辽海出版社，2000。
袁亮：《中华人民共和国出版史料（1995—2013）》，北京：中国书籍出版社。
张弛：《大数据时代中国出版产业链的重构》，北京：中国社会科学出版社，2016。
张立主编：《2014—2015 中国数字出版产业年度报告》，北京：中国书籍出版社，2015。
张天明主编：《互联网＋出版——出版科学探索第 12 辑》，长沙：湖南人民出版社，2016。

张文俊:《数字新媒体概论》,上海:复旦大学出版社,2009。
张文俊编著:《当代传媒新技术》,上海:复旦大学出版社,1998。
张新华:《数字出版产业理论与实践》,北京:知识产权出版社,2014。
张新新:《变革时代的数字出版》,北京:知识产权出版社,2016。
张志强:《现代出版学》,苏州:苏州大学出版社,2003。
赵国栋等:《大数据时代的历史机遇》,北京:清华大学出版社,2013。
中国出版工作者协会:《中国出版年鉴(1980—2014)》,北京:商务印书馆等,2002。
《中国数字出版产业年度报告(2005—2015)》,北京:中国书籍出版社。
《中国文化产业发展报告(2001—2016)》,北京:社会文献出版社。
周百义:《出版的文化守望》,北京:中国书籍出版社,2008。
周荣庭:《网络出版》,北京:科学出版社,2004。
周蔚华:《出版产业研究》,北京:中国人民大学出版社,2005。
周蔚华等:《数字传播与出版转型》,北京:北京大学出版社,2011。
诸葛蔚东:《媒介与社会变迁:战后日本出版物中变化着的价值观念》,北京:北京大学出版社,2006。
朱静雯:《中国出版企业集团发展研究》,沈阳:辽宁人民出版社,2005。
左晶:《大众文化视野下的畅销书研究》,北京:知识产权出版社,2013。

左文:《文化全球化视野下的中国数字出版业》,北京:清华大学出版社,2012。

[美] 丹尼斯·麦奎尔:《受众分析》,刘燕南,译,北京:中国人民大学出版社,2006。

[美] 保罗·莱文森:《手机:挡不住的呼唤》,何道宽,译,北京:中国人民大学出版社,2004。

[美] 安德森:《长尾理论》,乔江涛,译,北京:中信出版社,2006。

[美] 迈克尔·舒德森:《发掘新闻——美国报业的社会史》,陈昌凤、常江,译,北京:北京大学出版社,2009。

[美] 尼古拉·尼葛洛庞蒂(Nicholas Negroponte):《数字化生存》,胡泳、范海燕,译,海口:海南出版社,1997。

[美] 沃尔特·李普曼:《公众舆论》,闫克文、江红,译,上海:上海人民出版社,2002。

[美] 拉扎斯菲尔德等:《人民的选择》,唐茜,译,北京:中国人民大学出版社,2012。

[美] 迈克尔·波特:《竞争优势》,陈小悦,译,北京:华夏出版社,2004。

[美] 斯蒂芬·克拉生:《阅读的力量》,李玉梅,译,乌鲁木齐:新疆青少年出版社,2012。

[美] 威尔伯·施拉姆、威廉·波特:《大众传播媒介与社会发展》,金燕宁等,译,北京:华夏出版社,1990。

[加] 麦克卢汉:《理解媒介——论人的延伸》,何道宽,译,北京:商务印书馆,2000。

[加] 阿尔维・托曼古埃尔:《阅读史》,吴昌杰,译,北京:商务印书馆,2004。

[英] 斯图尔特・霍尔编:《表征:文化表征与意指实践》,徐亮、陆兴华,译,北京:商务印书馆,2013。

[英] 诺曼・费尔克拉夫:《话语与社会变迁》,殷晓蓉,译,北京:华夏出版社,2003。

[英] 约翰・汤普森:《数字时代的图书》,张志强,等译,南京:译林出版社,2014。

[法] 让・鲍德里亚:《消费社会》,刘成富、全志钢,译,南京:南京大学出版社,2001。

[新西兰] 史蒂文・罗杰费希尔:《阅读的历史》,李瑞林,等译,北京:商务印书馆,2009。

二、期刊论文

巢乃鹏、袁光峰:《媒介融合时代中国出版业的战略选择》,《出版发行研究》2012 年第 2 期。

杜娟:《手机出版产业的发展瓶颈及对策》,《齐鲁艺苑》2014 年第 6 期。

丁柏铨:《论新闻传媒的产业属性》,《江苏社会科学》2003 年第 5 期。

丁双珍:《新华传媒的资本运作及其启示》,《企业改革与管理》2008 年第 5 期。

段鹏、田野:《媒介融合背景下传统出版业的发展变局》,《现代出版》2015 年第 6 期。
段永刚：《我国媒介产业的资本运作》，《新闻与传播研究》2001 年第 2 期。
付婉莹、薛创：《基于大数据的数字出版模式研究》，《出版发行研究》2014 年第 11 期。
韩晓宁、杨毅：《优质数字内容与全球资本运营：时代华纳新时期战略研究》，《中国出版》2017 年第 4 期。
黄梦阮：《从上市公司经营看中国报业集团的资本运作》，《传媒》2007 年第 8 期。
姜波：《基于移动出版版权保护的技术》，《科技与企业》2016 年第 6 期。
李弘、孙晓翠：《出版移动电子商务平台的构建与运营分析》，《新媒体研究》2015 年第 3 期。
李红祥：《媒介融合时代出版产业价值链的嬗变与重构》，《出版发行研究》2013 年第 1 期。
李镜镜、张志强：《移动出版的发展模式及其评价》，《科技与出版》2010 年第 8 期。
李祖平：《域出版：以移动出版构建学术传播的新秩序》，《传媒》2016 年第 19 期。
林清发：《融合发展背景下数字出版人才培养体系实证研究——以时代出版传媒股份有限公司为例》，《中国出版》2017 年第 4 期。
林晓华、郭发仔：《民族出版业发展移动阅读的策略》，《现代出版》2016 年第 1 期。
林余荫：《媒介融合时代 IP 的价值与开发》，《出版广角》2016 年第 10 期上。
刘捷：《网络时代传统出版业的生存困境与发展出路》，《河南大学学报(社会科学版)》2010 年第 6 期。
柳斌杰：《开创新闻出版业改革发展新局面》，《求是》2010 年第 23 期。
柳斌杰：《抓住战略机遇　把握主题主线——科学谋划精心实施新闻出版业“十二五”规划》，《中国出版》2011 年第 2 期。
柳建尧、沈楠：《国际领先企业数字出版发展态势观察》，《中国编辑》2012 年第 5 期。
罗昕：《国外移动出版评选活动与评价标准考察》，《出版发行研究》2014 年第 1 期。
欧阳志荣：《媒介融合时代的传统出版业：焦虑与应对》，《出版科学》2011 年第 4 期。
潘忠党：《架构分析：一个亟待理论澄清的领域》，《传播与社会学刊》2006 年第 1 期。
秦绪军：《刍议移动互联网对数字出版发展的影响》，《出版发行研究》2016 年第 1 期。
时晨：《试析日本代官山茑屋书店的成功之道》，《编辑之友》2013 年第 10 期。
汪耀华：《中国书业 30 年成长历程》，《编辑之友》2008 年第 6 期。
王海刚：《我国移动阅读面临的问题及对策探析》，《河南大学学报(社会科学版)》2016 年第 3 期。

王海燕:《移动阅读类 APP 现状、问题与对策研究》,《图书馆学研究》2015 年第 1 期。

王鹏涛:《中国移动出版价值链重构研究:逻辑与步骤》,《出版科学》2016 年第 2 期。

王懿:《阅读类 APP〈ONE · 一个〉的运营模式发展研究》,《今传媒》2015 年第 10 期。

魏永征:《中国传媒利用业外资本合法性研究》,《新闻与传播研究》2001 年第 2 期。

翁昌寿:《中国出版产业链理论构想与现实操作》,《编辑之友》2003 年第 3 期。

徐延章:《用户体验视角下的移动阅读 APP"甜点"设计》,《出版发行研究》2017 年第 3 期。

严利华:《媒介融合背景下的公众阅读与出版转型》,《出版发行研究》2014 年第 12 期。

于友先:《全民阅读的实质是"经典阅读"》,《中国出版》2017 年第 8 期。

于政红:《中国传媒业资本运营路径分析》,《东岳论丛》2009 年第 8 期。

余化刚:《移动互联网时代:出版行业网络侵权风险及其规避》,《出版参考》2014 年第 1 期。

张波:《我国手机出版监管现状与优化策略》,《出版发行研究》2015 年第 6 期。

张洪忠:《大众传播学的议程设置理论与框架理论关系探讨》,《西南民族学院学报(哲学社会科学版)》2001年第10期。

张立:《数字出版相关概念的比较分析》,《中国出版》2006年第12期。

张新华:《移动互联环境下的融合新发展——2016年我国数字出版的四个趋势分析》,《出版广角》2016年第1期。

赵琴等:《移动阅读习惯及其影响因素分析》,《图书馆学刊》2013年第7期。

仲丛惠,赵国珍:《浅谈书籍封面装帧设计中的"虚实相生"》,《编辑之友》2013年第11期。

周山丹:《媒介融合时代图书出版业的发展策略》,《编辑之友》2010年第2期。

周璇:《我国移动出版产业运作模式研究》,《新媒体研究》2016年第8期。

Darroch I, Gooodman J, Brewster S, The Effect of Age and Font Size on Reading Text on Handheld computers, *Lecture Notes in Computer Science*, 2005.

Jung J, Chan-Olmsted S, Park B, et., Factors Affecting E-book Reader Awareness, Interest, and Intention to Use, New Media & Society, Vol 14, No.2, 2012.

Cristina. Mussinelli, Digital Publishing in Europe: a Focus on France, Germany, Italy and Spain. *Publishing Research Quarterly*, 2010, 26(3).

后　记

本书是在我复旦大学博士后出站报告的基础上修改而成，由上海社会科学院“国家高端智库决策咨询研究报告”项目资助出版，部分成果曾发表于《上海传媒发展报告》。在此对复旦大学和上海社会科学院对我的悉心培养表示衷心感谢！

我要深深感谢博士后导师黄瑚教授。黄老师高尚的品格、宽厚无私的胸襟、儒雅豁达的气度以及渊博的学识，如春风化雨般让我在做人和求学等方面都受益匪浅。恩师不弃愚顽驽钝、悉心教导。这几年我没少给老师添麻烦，却一如既往地领受着老师的诸般教诲、宽容和爱护，老师凝结着人生智慧的话语时常令我有“顿悟”之感，每每想到老师的指教和鼓励，就增添了不少前行的动力和勇气。

我的出站报告在选题、制订提纲以及写作过程中，都得到了黄老师不厌其烦的指导，老师还将许多出版方面的书刊和资料赠予我学习,并在研究方法上给予我很多引导,让我对完成报告增添了信心。老师在繁忙的工作和学术活动之余,还对我的论文发表、课题申请等给予诸多帮助,并时常针对我的人生困惑加以教导勉励。我定会谨记恩师的教导,努力钻研学问。纵有千言万语,也难以表达弟子对黄老师的感戴之情,在此深深地向恩师鞠躬致谢!

衷心感谢新闻传播学博士后流动站站长童兵教授,在学业和生活上都给予我很多的指导和关照,使我得以在复旦园里安心地完成学业。童老师亲切和蔼的态度、关心鼓励的话语,总是让学生觉得特别温暖。感谢新闻学院程士安老师、黄旦老师、刘海贵老师、孟建老师,各位先生就论文开题、写作过程及论文修改,都提出了许多非常宝贵的意见,使我深受教益。感谢新闻学院张大伟老师、张殿元老师、廖圣清老师、胡军老师、林之果老师、周胜林老师等对我的指导帮助。

感谢我的硕士、博士导师,中文系朱文华教授 10 多年来的谆谆教导。这几年每次去拜见朱老师,我都会带着本子和笔,虽已毕业 7 年,老师依然经常对我的学业和研究工作给出许多中肯意见。在出站报告写作中,我亦得到了朱老师的关心和指导,能够在复旦新闻学院和中文系这两大名系求学,实乃人生之幸事。

感谢我的领导,上海社会科学院新闻研究所强荧所长在我做博士后期间给予的大力支持和鼓励,以及在工作中给予的指教与宽容。感谢上海社会科学院各位同事的关心帮助,特别是同事兼好友的李敬经常和我切磋学业、交流生活体验,她的勤奋好学精神一直激励着我。感谢 4 年来黄门、朱门的各位兄弟姐妹对我的照顾，尤其是张新璐小师妹、刘海霞师姐、李卫国师兄、袁红涛师兄、白红义师兄、李新丽师姐、钱佳湧师弟、王易可师弟等的帮助、安慰和鼓励。感谢复旦大学博士后办公室的几位老师对我的热心指导和关照。

感谢母亲、二姨等亲人一直在山西家乡帮我照顾女儿，让我得以较为轻松地学习和工作，家人永远是我坚强的后盾。白驹过隙，女儿如今已 5 岁，可以自己读书了，她给我的人生带来了诸多乐趣。

感谢上海社会科学院出版社的领导和老师们提出的许多宝贵意见，特别是责任编辑熊艳老师对本书出版付出的辛勤劳动！

1994 年，17 岁的我第一次踏入复旦新闻学院的大门，茫然无措间又带着无限的憧憬与希望。2005 年，我偶然动念考研并意外地考取，犹豫半年之后放弃了新华社的工作，兴奋而又迷茫地回到母校中文系读书。毕业后有幸进入上海社会科学院新闻研究所工作，“不惑”之年又在母校母系完成了博士后学业，虽历经风雨，仍觉十分幸运。未来我一定会乐观积极、勤奋努力地学习、工作和生活，不辜负复旦大学和上海社会科学院的悉心栽培，及诸位恩师、领导的殷殷期望。

孟 晖

2018 年 6 月 28 日

图书在版编目(CIP)数据

移动互联环境下我国出版业的发展现状及问题研究/孟晖著.—上海：上海社会科学院出版社，2018
ISBN 978-7-5520-2423-4

Ⅰ.①移… Ⅱ.①孟… Ⅲ.①互联网络—关系—出版业—发展—研究—中国 Ⅳ.①G239.2

中国版本图书馆CIP数据核字(2018)第185994号

移动互联环境下我国出版业的发展现状及问题研究

著　　者：孟　晖
责任编辑：熊　艳
封面设计：周清华
出版发行：上海社会科学院出版社
上海顺昌路622号　邮编200025
电话总机021-63315900　销售热线021-53063735
http://www.sassp.org.cn　E-mail:sassp@sass.org.cn
排　　版：南京展望文化发展有限公司
印　　刷：常熟市大宏印刷有限公司
开　　本：710×1010毫米　1/16开
印　　张：14
插　　页：2
字　　数：142千字
版　　次：2018年8月第1版　2018年8月第1次印刷

ISBN 978-7-5520-2423-4/G·771　定价：78.00元